DEUTSCHE AKADEMIE DER WISSENSCHAFTEN ZU BERLIN

Veröffentlichungen der Sternwarte in Sonneberg

Band 4
Heft 2

W. GÖTZ, H. HUTH, C. HOFFMEISTER

Die veränderlichen Sterne der nördlichen Milchstraße
Teil IX

Akademie-Verlag GmbH · Berlin 1957

W. Götz, H. Huth, C. Hoffmeister

Die veränderlichen Sterne der nördlichen Milchstraße Teil IX

Veröffentlichungen der Sternwarte in Sonneberg · Band 4 Heft 2

DEUTSCHE AKADEMIE DER WISSENSCHAFTEN
ZU BERLIN

Sternwarte Sonneberg

VERÖFFENTLICHUNGEN
BAND II

AKADEMIE-VERLAG GMBH · BERLIN 1952—1956

Inhalt

Nummer 1

Nummer 2

Nummer 3

Nummer 4

Nummer 5

Nummer 6

DEUTSCHE AKADEMIE DER WISSENSCHAFTEN ZU BERLIN

Veröffentlichungen der Sternwarte in Sonneberg

Band 4

Heft 2

W. GÖTZ, H. HUTH, C. HOFFMEISTER

Die veränderlichen Sterne der nördlichen Milchstraße Teil IX

Akademie-Verlag GmbH · Berlin 1957

Erschienen im Akademie-Verlag GmbH, Berlin W 8, Mohrenstraße 39
Lizenz-Nr. 202 · 100/603/56
Gesamtherstellung: VEB Druckerei „Thomas Müntzer" Bad Langensalza
Bestell- und Verlagsnummer: 2006/IV/2
Preis: 16,50 DM
Printed in Germany

Einleitung

Der 9. Teil der Veröffentlichungen zum Felderplan erfordert nur wenige Vorbemerkungen, zumal einer der beiden Bearbeiter dem Textteil des Feldes 67 Oph selbst einige Hinweise vorangestellt hat. Das Feld $23^h9^m + 52\overset{\circ}{.}5$ ist hier zum ersten Mal bearbeitet; alle anderen Abschnitte sind Ergänzungen früherer Veröffentlichungen und enthalten im wesentlichen die Behandlung von Sternen, die erst später auf den Platten des Astrographen 400/1600 mm gefunden worden sind. Hinsichtlich der unerledigten Fälle wird auf die Einleitung zu Teil VIII verwiesen. Nach Indienststellung des visuellen 460 mm-Spiegelteleskops hat der Unterzeichnete von Januar bis April 1956 an 6 Sternen der Felder ν Gem und e Gem 1538 visuelle Beobachtungen erlangt, deren Bearbeitung hier mitgeteilt wird. Es ist beabsichtigt, laufend weitere unerledigt gebliebene Fälle auf diese Weise zu behandeln.

Übersicht der bearbeiteten Felder

Bezeichnung	Galakt. Koordinaten l	b	Äquinoktium 1925 α	δ	Anzahl der Platten	Zeitabschnitt 24......	Anzahl der Sterne	davon unerledigt	Bearbeiter
$23^h 9^m + 52^\circ.5$	76°.3	− 5°	347°.2	+52°.5	224	27955—33977	59	5	Huth
$23^h 9^m + 52^\circ.5$ (Erg.)							51	19	Huth
β Delphini (Erg.)	27	−16	308.5	+14.3	178	25478—35375	29	3	Huth
62 Aquilae (Erg.)	9	−17	300.1	− 0.9	130	26928—35010	35	13	Huth
67 Ophiuchi (Erg.)	357	+11	269.2	+ 2.9	121[1])	25302—35254	60	8	Götz

[1]) davon 41 Reihenaufnahmen mit dem 400 mm-Astrographen, 29785 bis 29845.

Verteilung der Veränderlichen auf die Haupttypen
(unter Auslassung der Sterne mit Kennzeichnung ,,Unbekannt" und ,,Unveränderlich")

Feld	Bedeckungsveränderliche n	%	Kurzperiodische (δ, RR) n	%	Langperiodische n	%	Halbregelmäßige mittl. Per. n	%	Unregelmäßige n	%	U Gem-Sterne n	%	RW Aur-Sterne n	%	Summe
$23^h 9^m + 52^\circ.5$	12	(21)	4	(7)	13	(23)	11	(19)	15	(26)	—		2	(4)	57
$23^h 9^m + 52^\circ.5$ (Erg.)	18	(37)	6	(12)	9	(18)	5	(11)	6	(12)	3	(6)	2	(4)	49
β Delphini (Erg.)	9	(31)	13	(45)	5	(18)	—		1	(3)	1	(3)	—		29
62 Aquilae (Erg.)	3	(9)	17	(50)	11	(32)	—		2	(6)	—		1	(3)	34
67 Ophiuchi (Erg.)	15	(25)	17	(29)	13	(21)	1	(2)	12	(20)	—		2	(3)	60

Sonneberg

C. Hoffmeister

Feld 23^h9^m $+52^\circ\!.5$

H. Huth

Nr.	Name	α 1855.0	δ 1855.0	Art	Phase	Epoche 24...	Periode	Max.	Min.
2882	199.1940 Lac	22^h36^m36	+50°12′	A	Min.	29231.368	$2^d\!.790814$	$14^m\!.3$	$15^m\!.5$
2883	173.1943 Lac	22 37 12	+50 9	Unv	—	—	—	14.6	—
2884	DS Lac	22 37 12	+54 34	L	Max.	27970	321	13.2	[16.5
2885	200.1940 Lac	22 37 36	+52 13	U	—	—	—	12.7	13.9
2886	175.1943 Lac	22 38 54	+49 39	U	—	—	—	13.7	14.9
2887	DU Lac	22 39 0	+52 13	L	Max.	28433	269.9	15.1	[17
2888	176.1943 Lac	22 40 18	+51 24	A	Min.	29872.279	10.98114	13.0	13.8
2889	EF Lac	22 43 36	+47 52	L	Max.	28399	167.7	12.3	16
2890	178.1943 Lac	22 45 0	+52 20	H	Max.	27958	227	14.0	15.2
2891	EH Lac	22 45 42	+50 40	BV	—	—	—	13.6	16.8
2892	203.1940 Lac	22 47 30	+50 8	A	Min.	29640.259	4.480083	13.1	14.4
2893	204.1940 Lac	22 48 30	+53 30	δs	Max.	29187.5	11.2664	13.5	15.4
2894	EI Lac	22 49 24	+49 0	U	—	—	—	14.5	15.1
2895	180.1943 And	22 51 48	+47 58	H	Max.	28370	117	12.1	13.4
2896	KW Cas	22 52 36	+56 27	L	Max.	31292	249	13.1	[17
2897	182.1943 And	22 53 12	+50 54	U	—	—	—	13.4	15.0
2898	205.1940 Cas	22 53 36	+55 37	A	Min.	28487.360	3.407105	14.7	17.3
2899	183.1943 And	22 54 36	+49 10	A	Min.	29117.542	1.715981	12.5	13.6
2900	BP And	22 54 36	+49 13	L	Max.	28452	141.6	13.4	[16.5
2901	185.1943 And	22 55 12	+49 31	H	Max.	28400	261	12.4	13.8
2902	BQ And	22 55 36	+50 48	L	Max.	28379	155.8	12.0	15.7
2903	AZ And	22 57 22	+48 5.0	L	Max.	—	192.1	11.2	[16.7
2904	206.1940 And	22 58 12	+48 40	K ?	—	—	—	14.1	15.0
2905	186.1943 Cas	22 58 30	+55 46	H	Max.	28392	123.9	13.5	14.5
2906	187.1943 And	22 59 36	+49 15	U	—	—	—	12.8	14.4
2907	IR Cas	23 0 31	+53 17.9	β	Min.	28750.2914	0.68069178	10.85	12.13
2908	188.1943 And	23 0 31	+49 59	L	Max.	31340	420/n	14.1	[16
2909	189.1943 And	23 1 12	+50 26	U	—	—	—	14.7	16.0
2910	190.1943 Cas	23 2 12	+53 21	β	Min.	28835.307	0.6887589	13.1	14.2
2911	LL Cas	23 3 6	+53 59	L	Max.	27957	141	15.3	[17
2912	208.1940 And	23 3 18	+51 53	U	—	—	—	15.3	15.8
2913	191.1943 Cas	23 4 6	+56 28	U	—	—	—	13.1	13.7
2914	192.1943 Cas	23 4 30	+52 27	U	—	—	—	12.7	13.6
2915	209.1940 Cas	23 4 36	+54 3	H	Max.	28359	119.2	14.0	14.7
2916	BL And	23 4 42	+51 5	β	Min.	29491.255	0.7223779	11.0	11.8
2917	194.1943 Cas	23 4 54	+55 9	U	—	—	—	13.2	13.7
2918	195.1943 Cas	23 5 6	+55 14	H	Max.	28377	70.79	12.5	14.2
2919	196.1943 Cas	23 5 18	+52 53	A	Min.	29877.549	2.057264	13.2	14.6
2920	197.1943 And	23 5 18	+48 53	Unb	—	—	—	12.4	12.9
2921	198.1943 Cas	23 5 24	+55 39	H	Max.	28455	146	13.1	14.1
2922	199.1943 Cas	23 6 48	+55 49	K	—	—	—	13.4	14.6
2923	200.1943 And	23 10 30	+52 2	U	—	—	—	12.7	13.5
2924	201.1943 And	23 10 36	+47 46	RRa	Max.	27955.495	0.453635	13.4	14.5
2925	BE And	23 12 56	+47 52.5	H	Max.	28767	137.2	10.0	11.8
2926	LN Cas	23 13 42	+53 58	L	Max.	28428	288	13.0	[17

Nr.	Name	α 1855.0	δ 1855.0	Art	Phase	Epoche 24...	Periode	Max.	Min.
2927	204.1943 And	$23^h 16^m 30^s$	+51°24′	H	Max.	28518	$157^d.2$	$14^m.0$	$16^m.2$
2928	BT And	23 16 48	+47 38	L	Max.	30580	282.3	12.7	14.2
2929	205.1943 Cas	23 17 0	+55 21	H	Max.	28433	365	13.5	15.0
2930	206.1943 And	23 17 24	+48 13	H	Max.	29150	143	14.3	15.7
2931	207.1943 Cas	23 19 30	+53 7	L	Max.	29085	372	13.1	[17
2932	208.1943 And	23 20 0	+48 8	RWs	—	—	—	12.3	13.6
2933	209.1943 Cas	23 20 18	+53 51	K	—	—	—	13.0	15.1
2934	210.1943 Cas	23 20 30	+55 56	A	Min.	30260.563	2.25949	12.7	14.3
2935	DG Cas	23 20 53	+54 55.6	U	—	—	—	14.1	14.8
2936	211.1943 Cas	23 22 36	+55 52	U	—	—	—	11.8	13.1
2937	212.1943 Cas	23 23 12	+54 10	β	Min.	29456.512	0.760747	13.0	13.9
2938	211.1940 Cas	23 27 24	+53 33	U	—	—	—	14.5	15.1
2939	213.1943 And	23 28 48	+49 20	U	—	—	—	13.8	14.6
2940	LS Cas	23 31 6	+55 15	L	Max.	31385	340	14.4	[16

Feld $23^h 9^m$ $+52^\circ.5$

Zusätzliche Sterne aus Platten des Astrographen 400/1600 mm

H. Huth

Nr.	Name	α 1855.0	δ 1855.0	Art	Phase	Epoche 24...	Periode	Max.	Min.
2941	S 4606 Lac	$22^h 30^m 42^s$	+52°19′	L?	—	—	—	$15^m.5$	[17^m
2942	97.1927 Lac	22 35 30	+51 42.2	A	Min.	24795.54	$1^d.739293$	13.6	14.6
2943	S 4607 Lac	22 35 54	+53 40	A	Min.	29117.576	2.277862	13.8	14.8
2944	CC Lac	22 36 36	+51 5	L	Max.	31082	302.4	12.0	16.7
2945	DF Cep	22 37 12	+56 51	L	—	—	—	14.9	[16.5
2946	S 4597 Lac	22 37 12	+47 14	U	—	—	—	14.0	15.5
2947	S 4609 Lac	22 39 6	+54 47	A	Min.	28453.419	4.257945	13.0	13.5
2948	DV Lac	22 39 24	+55 50	U	—	—	—	12.1	14.6
2949	DW Lac	22 40 32	+52 5.3	L	Max.	29125	274	14.9	[17.5
2950	DX Lac	22 40 54	+51 35	L	Max.	29203	278.6	15.1	[17.5
2951	S 4612 Lac	22 41 12	+49 20	U	—	—	—	15.0	15.5
2952	DY Lac	22 41 18	+53 12	A	—	—	—	14.6	[17.4
2953	DZ Lac	22 42 18	+48 25	L	Max.	28327	427/n	14.5	[17
2954	S 4615 Lac	22 42 54	+53 26	A	—	—	—	15.2	16.1
2955	S 4600 Lac	22 43 36	+50 28	A	Min.	28339.492	1.107323	12.9	13.8
2956	S 4616 Lac	22 44 36	+47 53	BV	—	—	—	13.0	13.5
2957	EG Lac	22 44 36	+54 25	UG	—	—	—	16.4	[17.5
2958	S 4618 Lac	22 45 24	+49 59	H	Max.	28442	128.5	11.9	12.7
2959	S 4619 Lac	22 45 54	+50 12	RW	—	—	—	12.4	14.3
2960	S 4620 Lac	22 46 48	+47 11	BV	—	—	—	14.7	15.6
2961	S 4621 Lac	22 48 0	+47 40	BV	—	—	—	13.9	14.8
2962	S 4622 Lac	22 49 12	+51 28	K	—	—	—	15.1	16.5
2963	S 4623 Cas	22 55 0	+57 8	RRb	Max.	33917.576	0.7927	12.7	13.3
2964	KX Cas	22 56 30	+57 9	L	Max.	29239	290	14.5	[16.5
2965	KY Cas	22 58 42	+52 28	Unb	—	—	—	16.0	[17.5
2966	BR And	22 59 0	+51 22	L	Max.	29228	255	15.7	[17
2967	S 4627 Cas	23 1 30	+56 35	U	—	—	—	12.3	13.1
2968	KZ Cas	23 1 48	+55 40	UG	Max.	29132	62.3	15.2	[17
2969	S 4629 And	23 2 18	+48 49	A	Min.	31001.482	2.717200	12.4	13.0
2970	S 4630 And	23 2 24	+51 54	K	—	—	—	16.4	17.3
2971	S 4631 Cas	23 5 0	+56 55	RR	—	—	—	14.2	15.5
2972	BS And	23 6 18	+51 5	A	—	—	—	15.0	17.0
2973	LM Cas	23 6 18	+56 4	UG	—	—	—	15.8	[17
2974	S 5170 And	23 8 12	+49 59.4	L	Max.	29651	353.5	11.1	[17.3
2975	S 4634 Cas	23 11 24	+52 56	H	Max.	31005	176	14.4	15.6
2976	S 4635 And	23 11 48	+47 22	H	Max.	29480	70.9	12.9	13.7
2977	S 4636 And	23 17 54	+48 47	K	—	—	—	15.3	16.5
2978	BV And	23 20 12	+49 19	mP?	—	—	—	15.2	[17
2979	S 4638 And	23 20 30	+47 28	BV?	—	—	—	14.3	15.0
2980	S 4639 And	23 21 48	+49 45	K	Max.	29130.407	0.2436553	12.5	13.1
2981	S 4640 Cas	23 22 42	+51 42	A	—	—	—	15.0	16.7
2982	S 4641 And	23 23 0	+48 7	H	Max.	28501	153	14.0	16.6
2983	S 4642 Cas	23 23 30	+50 1	U	—	—	—	13.8	14.4
2984	S 4643 Cas	23 23 39	+57 11.3	U	—	—	—	11.5	13.8

Nr.	Name	α 1855.0	δ 1855.0	Art	Phase	Epoche 24...	Periode	Max.	Min.
2985	S 4644 Cas	$23^h 27^m 0^s$	$+52°48'$	BV	—	—	—	$16^m.1$	$17^m.0$
2986	S 4645 Cas	23 27 48	+55 30	β	Min.	29079.480	$1^d.303879$	11.8	12.6
2987	S 4646 Cas	23 27 54	+55 6	A	Min.	31346.424	1.500590	12.4	13.4
2988	BM And	23 30 42	+47 34	RW	—	—	—	12.4	14.6
2989	S 4648 Cas	23 35 0	+55 20	A	Min.	30319.344	1.228985	12.3	12.8
2990	S 4649 Cas	23 35 12	+51 18	Unb	—	—	—	15.0	16.0
2991	LO Cas	23 36 0	+51 57	BV	—	—	—	15.0	[17

Feld β Delphini

Zusätzliche Sterne aus Platten des Astrographen 400/1600 mm

H. Huth

Nr.	Name	α 1855.0	δ 1855.0	Art	Phase	Epoche 24...	Periode	Max.	Min.
2992	S 4497 Del	20h 9m48s	+15°16′	W	Min.	30613.494	0d391148	15m1	15m45
2993	S 4498 Del	20 10 18	+15 27	RRb	Max.	29846.506	0.1984164	12.9	13.4
2994	S 4499 Del	20 10 36	+13 17	L	Max.	33899	256	14.0	15
2995	EN Del	20 11 12	+12 56	L	—	—	—	14.5	[16.5
2996	S 4501 Sge	20 11 18	+18 17	RRa	Max.	29846.501	0.482627	14.4	15.8
2997	S 4502 Del	20 13 1	+11 10.5	A?	—	—	—	14.3	14.9
2998	S 4503 Del	20 13 24	+10 10.9	A?	—	—	—	15.9	16.4
2999	S 4504 Del	20 14 55	+13 40.0	U	—	—	—	13.3	13.9
3000	S 4505 Del	20 18 39	+15 17.8	UG	—	—	—	14.5	16.5
3001	385.1933 Del	20 20 28	+18 44.2	RRa	Max.	26649.245	0.6154325	12.6	14.3
3002	S 4506 Del	20 21 32	+11 51.7	RRa	Max.	29846.559	0.413136	13.7	14.7
3003	S 4507 Del	20 21 42	+18 58	A	Min.	29791.410	0.678036	14.6	15.4
3004	S 4508 Del	20 22 30	+14 17.2	β	Min.	29845.531	0.415928	14.2	14.8
3005	S 4509 Del	20 23 27	+11 57.1	W	Min.	29790.448	0.6667316	14.0	14.6
3006	S 4510 Del	20 24 42	+14 30.5	RRa	Max.	29847.415	0.477563	14.6	16.4
3007	S 4511 Del	20 27 3	+15 46.7	RRb	Max.	29789.512	0.797390	12.3	13.1
3008	S 4512 Del	20 27 41	+14 35.4	L	Max.	25718	289.6	14.3	[16.5
3009	EO Del	20 31 12	+18 27	RRa	Max.	29851.404	0.580861	13.5	14.9
3010	EQ Del	20 32 46	+11 55.7	A	Min.	27596.516	2.248025	13.0	14.3
3011	EP Del	20 32 52	+19 13.6	L	Max.	26181	430.5	12.0	[14.0
3012	S 4515 Del	20 33 4	+11 55.9	RRb	Max.	29846.417	0.366238	15.4	15.8
3013	S 4516 Del	20 33 49	+ 9 48.0	A	Min.	25535.406	1.195410	13.8	14.6
3014	S 4517 Del	20 36 13	+10 21.9	RRb	Max.	30613.445	0.300656	13.9	14.4
3015	ES Del	20 37 18	+18 44	L	Max.	27954	373.9	10.6	16.5
3016	S 4519 Del	20 38 15	+18 22.3	RRa	Max.	29844.531	0.576605	14.1	15.3
3017	S 4520 Del	20 48 17	+11 4.4	W	Min.	29846.473	0.3497476	15.05	15.35
3018	S 4521 Del	20 49 30	+16 6	RRa	Max.	29846.520	0.546459	14.2	15.5
3019	S 4522 Del	20 49 54	+15 51	RRb	Max.	29790.513	0.367834	14.5	15.4
3020	EM Del	20 50 27	+ 9 29.3	RRa	Max.	29844.504	0.578208	13.7	14.8

Feld 62 Aquilae

Zusätzliche Sterne aus Platten des Astrographen 400/1600 mm

H. Huth

Nr.	Name	α 1855.0	δ 1855.0	Art	Phase	Epoche 24...	Periode	Max.	Min.
3021	S 4440 Aql	19h 36m 47s	+1° 37.′1	L?	—	—	—	14.m6	15.m5
3022	S 4441 Aql	19 36 47	−0 1.8	W	Min.	30931.38	0.d419508	15.4	15.8
3023	S 4442 Aql	19 37 2	+1 42.6	RRa	Max.	29110.464	0.488852	14.5	15.6
3024	S 4443 Aql	19 40 35	+4 13.4	L?	—	—	—	15.0	16.1
3025	S 4444 Aql	19 41 58	−2 38.1	L	Max.	28110	316.7	12.0	[16.5
3026	V 831 Aql	19 43 11	−3 58.4	RRa	—	—	—	15.7	16.5
3027	V 832 Aql	19 44 12	+3 58.0	RRa	Max.	30908.474	0.343437	15.0	15.9
3028	S 4447 Aql	19 45 23	+3 57.0	RRb	Min.	29110.457	0.1937793	15.8	16.2
3029	S 4448 Aql	19 45 48	+4 2.7	L?	—	—	—	15.8	16.3
3030	S 4449 Aql	19 47 36	+4 6.9	RRb	Max.	30931.435	0.265108	12.65	13.15
3031	S 4450 Aql	19 47 41	−2 28.8	K	—	—	—	16.0	16.8
3032	V 833 Aql	19 48 43	+4 12.8	L?	—	—	—	15.0	[16.5
3033	S 4452 Aql	19 49 37	+1 8.8	RRa	Max.	30931.412	0.443063	14.4	15.2
3034	S 4453 Aql	19 50 7	−2 51.6	A	Min.	30903.468	0.7563	16.1	16.9
3035	S 4454 Aql	19 50 32	+1 5.8	K	—	—	—	15.0	15.5
3036	S 4455 Aql	19 51 32	−2 18.6	U	—	—	—	13.0	13.8
3037	S 4456 Aql	19 53 5	−2 5.9	Unb	—	—	—	15.8	16.5
3038	S 4457 Aql	19 54 16	+4 0.3	L	—	—	100±	13.5	16.6
3039	S 4458 Aql	19 55 44	−5 33.4	RRa	Max.	30937.53	0.874	14.6	16.0
3040	S 4459 Aql	19 57 37	−3 4.4	L	Max.	28453	312	13.1	[16.5
3041	S 4460 Aql	19 58 18	+4 2.4	U	—	—	—	11.1	12.8
3042	S 4461 Aql	20 0 40	−5 46.6	RRb	Max.	30930.42	0.35366	15.9	16.5
3043	V 834 Aql	20 2 37	+3 16.0	L	—	—	—	14.5	[16.5
3044	V 835 Aql	20 2 36	−6 9	L?	—	—	—	13.8	[16.5
3045	S 4464 Aql	20 2 43	−0 29.0	RRa	Max.	30936.43	0.620067	14.4	15.2
3046	S 4465 Aql	20 2 53	+1 9.1	RRb	Max.	31671.457	0.435006	15.0	16.1
3047	S 4466 Aql	20 3 27	+1 57.0	L?	—	—	—	14.8	[16.5
3048	V 836 Aql	20 5 12	−5 2	As	—	—	—	13.8	14.7
3049	S 4468 Aql	20 5 42	+4 6.2	RRa	Max.	30932.417	0.477799	14.9	15.7
3050	S 4469 Aql	20 7 18	+0 23.3	W	Min.	30930.44	0.676776	15.3	15.7
3051	S 4470 Aql	20 11 9	+0 15.6	RRa	Max.	30932.417	0.364756	15.2	16.0
3052	S 4471 Aql	20 14 12	−5 12.0	RRc	Max.	30937.50	0.5756	14.5	15.3
3053	S 4472 Aql	20 15 41	−2 1.3	RRa	Max.	31672.406	1/n	13.5	15.1
3054	S 4473 Aql	20 16 6	−4 21	L?	—	—	—	14.6	16.7
3055	S 4474 Aql	20 16 30	+3 8.8	RR	—	—	—	15.6	16.7

Feld 67 Ophiuchi

Zusätzliche Sterne aus Platten des Astrographen 400/1600 mm

W. Götz

Nr.	Name	α 1855.0	δ 1855.0	Art	Phase	Epoche 24...	Periode	Max.	Min.
3056	V 866 Oph	17h33m42s	−0° 6′	RRb	Max.	29787.474	0d.595964	13m.7	14m.7
3057	V 867 Oph	17 33 48	+0 33	L	—	—	—	13.1	[16.5
3058	S 4171 Oph	17 34 0	+1 19	L	Max.	29105	144	13.0	15.0
3059	S 4172 Oph	17 34 6	−0 33	A	—	—	—	13.5	14.2
3060	S 4173 Oph	17 34 16	+4 17.2	RRa	Max.	29785.461	0.334452:	15.0	16.2
3061	S 4174 Oph	17 34 18	−1 10	U	—	—	—	13.7	14.2
3062	V 811 Oph	17 34 25	+5 51.7	RRb	Max.	29785.567	0.388610	14.4	15.0
3063	S 4176 Oph	17 34 44	+5 20.9	BV	—	—	—	12.6	13.1
3064	V 868 Oph	17 35 16	+3 8.1	β?	Min.	29785.430	0.443224:	12.9	[13.8
3065	V 816 Oph	17 35 29	+5 2.2	RRb	Max.	29785.296	0.273124:	11.9	13.0
3066	S 4179 Oph	17 36 30	−0 41	RRc?	Max.	29785.520	0.205911:	16.0	16.4
3067	S 4180 Oph	17 37 12	−1 30	U	—	—	—	14.1	15.4
3068	V 870 Oph	17 38 57	+5 58.6	RRa	Max.	29785.528	0.317147	14.8	15.8
3069	S 4182 Oph	17 39 24	+6 4.7	U	—	—	—	13.8	14.8
3070	V 871 Oph	17 41 45	+4 48.4	RRb	Max.	29785.542	0.450721	15.3	15.9
3071	S 4184 Oph	17 44 6	−0 18	L	Max.	25740	237	14.8	16.6
3072	S 4186 Oph	17 45 30	+2 51.1	BV	Min.	29785.566	0.439064	14.5	15.5
3073	S 4185 Oph	17 45 34	+1 16.2	U	—	—	—	15.6	16.6
3074	S 4187 Oph	17 45 38	+7 35.2	L	—	—	—	15.9	[17.0
3075	S 4188 Oph	17 46 6	+7 43.4	β	Min.	29785.408	0.433226	14.8	15.8
3076	S 4189 Oph	17 46 31	+7 43.4	A	Min.	29788.468	1.196955	16.0	[16.6
3077	S 4190 Oph	17 47 23	+2 44.6	RRa	Max.	29785.392	0.4581672	15.6	16.4
3078	V 872 Oph	17 48 22	+8 15.5	L	—	—	—	15.6	[16.5
3079	S 4192 Oph	17 48 30	−1 43	W	Min.	29786.517	0.486074	15.8	16.5
3080	S 4193 Ser	17 50 48	−1 21	RRb	Max.	29785.456	0.365511	15.9	16.5
3081	S 4194 Oph	17 51 18	+1 27.4	U	—	—	—	15.1	15.7
3082	S 4195 Oph	17 51 53	+7 20.2	RRb	Max.	29785.517	0.273326	14.8	15.7
3083	S 4196 Oph	17 53 13	+4 13.3	W	Min.	29785.450	0.320018	14.6	15.1
3084	S 4197 Oph	17 53 45	+1 39.4	RRb	Max.	29788.505	0.389759	15.1	16.3
3085	S 4198 Ser	17 54 24	−1 26	U?	—	—	—	13.2	13.9
3086	S 4199 Oph	17 54 59	+5 52.9	W	Min.	29785.517	0.37186	14.4	14.8
3087	S 4200 Oph	17 55 12	+2 30.9	L	Max.	25440	362	14.2	[17.0
3088	S 4201 Oph	17 55 47	+1 24.2	RRb	Max.	29785.333	0.274730	15.0	15.7
3089	S 4202 Oph	17 57 18	+7 30	U?	—	—	—	14.2	15.6
3090	S 4203 Oph	17 57 49	+4 4.9	U	—	—	—	14.6	16.0
3091	S 4204 Oph	18 1 8	+5 39.3	U	—	—	—	14.5	16.5
3092	S 4205 Oph	18 1 13	+6 27.2	U	—	—	—	14.2	15.2
3093	S 4206 Oph	18 2 1	+1 22.0	W	Min.	29785.411	0.225270	14.3	14.9
3094	S 4207 Oph	18 2 49	+6 24.7	L	Max.	25510	303	14.4	[16.0
3095	S 4208 Oph	18 3 32	+2 55.6	H	Max.	25448	327	15.1	[16.5
3096	S 4209 Oph	18 3 33	+6 35.6	RWs	—	—	—	14.8	16.0
3097	S 4210 Oph	18 3 37	+4 33.2	L	Max.	25520	303	15.1	[17.0
3098	S 4211 Oph	18 3 48	+3 9.1	RRc	Max.	29785.419	0.084857	12.4	13.1
3099	V 875 Oph	18 3 55	+4 6.7	L	Max.	29820	267	14.5	[17.0

Nr.	Name	α 1855.0	δ 1855.0	Art	Phase	Epoche 24...	Periode	Max.	Min.
3100	S 4213 Oph	$18^h\ 4^m 30^s$	+6° 8′	W	Min.	29785.314	$0^d.310588$	$15^m.8$	$16^m.4$
3101	S 4214 Oph	18 5 36	+4 17	RRa	Max.	29785.489	0.346924	14.3	15.2
3102	S 4215 Oph	18 6 12	+1 47	RRb	Max.	29785.572	0.256078:	15.8	16.7
3103	S 4216 Oph	18 7 18	+2 21	A	—	—	—	14.4	14.9
3104	S 4217 Oph	18 8 6	+6 45	W	Min.	29785.523	0.264743	14.6	15.1
3105	V 876 Oph	18 8 12	+5 21	L	Max.	26421	137.5:	14.6	[17.5
3106	S 4219 Oph	18 8 42	+3 48	RRb	Max.	29788.401	0.509004:	15.8	16.7
3107	S 4220 Oph	18 9 6	+4 11	U	—	—	—	14.4	15.2
3108	V 878 Oph	18 9 18	+0 19	W	Min.	29785.380	0.439984	15.8	16.5
3109	S 4222 Oph	18 9 24	+4 42	U?	—	—	—	13.6	14.4
3110	S 4223 Oph	18 9 36	+4 11	L	Max.	25391	258.5	15.1	[17.0
3111	V 880 Oph	18 11 18	+5 15	L	—	—	—	14.2	[17.5
3112	V 881 Oph	18 11 36	+4 57	RW	—	—	—	14.2	16.5
3113	S 4226 Oph	18 12 6	+3 19	RRb	Max.	29785.430	0.267954	13.5	14.0
3114	V 882 Oph	18 12 6	+4 53	L	—	—	—	11.9	[17.0
3115	S 4228 Oph	18 13 6	+3 27	W	Min.	29786.437	0.589412	13.2	13.6

Feld $23^h 9^m + 52\overset{\circ}{.}5$

H. Huth

2882. 199.1940 **Lac** Algol-Stern; $14\overset{m}{.}3$—$15\overset{m}{.}5$

$$m = 242\,9231.368 + 2.790814 \cdot E$$

$$D = 7\overset{h}{.}0 \qquad d = 0\overset{h}{.}0$$

Min.	E	$B-R$
242 9231.327	0	−0.041
9633.247	144	+0.002
243 1003.503	635	−0.032
1352.428	760	+0.041
1645.455	865	+0.033

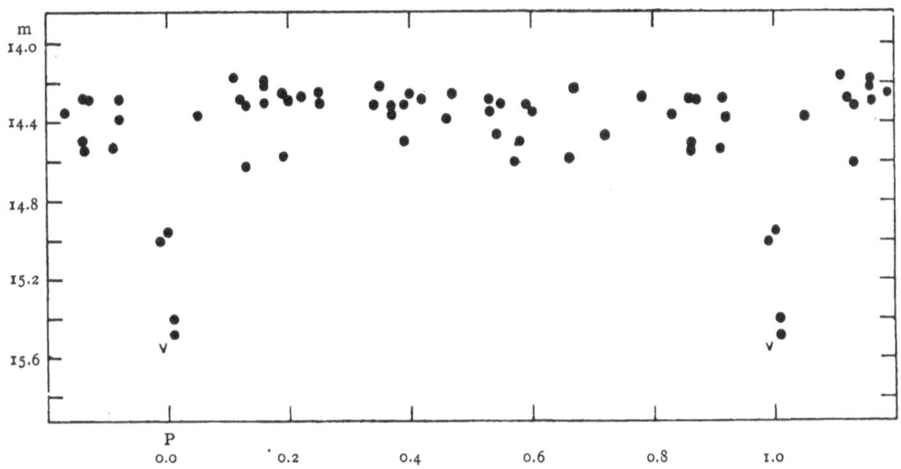

199. 1940 Lacertae

2883. 173.1943 **Lac** Unveränderlich; $14\overset{m}{.}6$

Der Stern zeigte auf den Platten des 400 mm-Vierlinsers eine Streuung von $\pm 0\overset{m}{.}15$ um die mittlere Helligkeit. Auf den Platten des 170 mm-Triplets ist die Streuung etwas größer, was aber seine Ursache in der großen Randnähe des Sterns auf diesen Platten haben dürfte. Eine unsichere Beobachtung 243 0593.543 ergibt eine Schwächung um $0\overset{m}{.}5$.

2884. DS Lac Mira-Stern; $13\overset{m}{.}2$—[$16\overset{m}{.}5$

$$M = 242\,7970 + 321 \cdot E$$

Max.	E	$B-R$
242 7970	0	0
9250	4	−4
9900	6	+4
243 0220	7	+3
2140	13	−3

2885. **200.1940 Lac** Unregelmäßig; $12^m.7$—$13^m.9$

Die Lichtkurve verläuft meist unruhig mit Wellen von 90^d bis 120^d Länge und wechselnder Amplitude. Nach einem Maximum bei 243 0785 folgt ein Abstieg von 90^d, wonach sich die Wellen mit gleicher Amplitude, aber im mittleren Licht um $0^m.5$ geschwächt, fortsetzen. Nach 243 2800 zeigen lückenhafte Beobachtungen den Stern in nahezu der gleichen Helligkeit von $13^m.3$. Der Veränderliche ist offenbar nicht merklich gefärbt.

2886. **175.1943 Lac** Unregelmäßig; $13^m.7$—$14^m.9$

Von 242 7900 bis 9900 ist der Lichtwechsel langsam und regellos. Erst bei 243 0200 wird der Stern etwas lebhafter. Seine rascheste Änderung durchläuft der Veränderliche bei 1000 mit $1^m.0$ in 40^d. Dazwischen lag aber eine Zeit ruhigen Lichtes. Nach 243 1240 nimmt die Helligkeit innerhalb 90^d um $0^m.8$ ab, durchläuft bei 1330 ein Minimum $14^m.5$ und steigt dann bis 1415 wieder um $0^m.4$ an. Einzelbeobachtungen zwischen 2100 und 3600 deuten auf einen ruhigen Lichtwechsel hin. Beobachtungen auf den Kranz-Ultra-Platten lassen keinerlei Färbung erkennen.

2887. **DU Lac** Mira-Stern; $15^m.1$—[17^m

$M = 242\,8433 + 269 \cdot E$

Max.	E	$B–R$
242 8443	0	+10
9232	3	−11
243 0603	8	+11
0860	9	− 2
1395	11	− 7

Einzelbeobachtungen bei $E = 5$ und $E = 7$ passen gut zu den Elementen. Auf den Kranz-Ultra-Platten ist der Stern $1^m.8$ heller.

2888. **176.1943 Lac** Algol-Stern; $13^m.0$—$13^m.8$

$m = 242\,9872.279 + 10.98114 \cdot E$

$D = 44^h.8$ $d = ?$

Min.	E	$B–R$
242 9872.494	0	+0.215
243 0234.435	33	−0.222
0377.260	46	−0.151
0849.414	89	−0.186
1003.503	103	+0.167
1706.514	167	+0.385
3902.602	367	+0.245
3924.312	369	−0.008

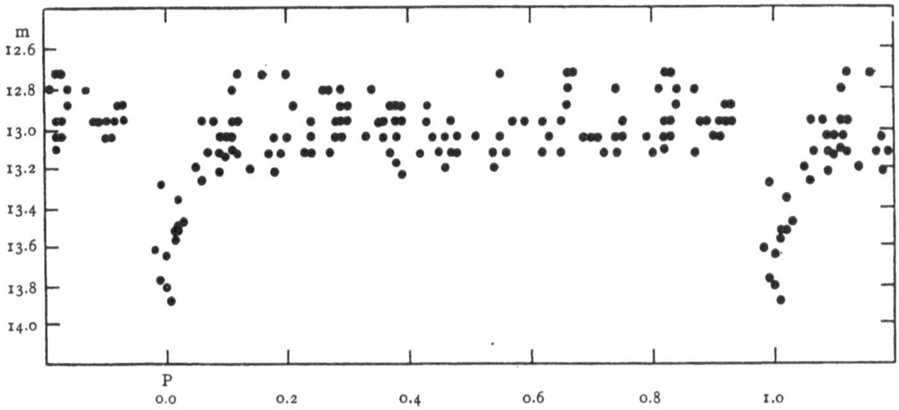

176. 1943 Lacertae

2889. **EF Lac** Mira-Stern; $12^m_.3$—16^m

$M = 242\,8399 + 167.7 \cdot E$

$M-m = 80^d$; Form der Lichtkurve β_1

Max.	E	$B-R$
242 8395	0	− 4
9230	5	− 7
9917	9	+ 9
243 0248	11	+ 4
0565	13	−14
1250	17	0
1430	18	+12

2890. **178.1943 Lac** Halbperiodisch; $14^m_.0$—$15^m_.2$

$M = 242\,7958 + 227 \cdot E$

Max.	E	$B-R$
242 7970	0	+12
8425	2	+13
9320	6	0
9560	7	+13
243 0220	10	− 8
0410	11	−45
0645	12	−37
0880	13	−29
1150	14	+14
1380	15	+17
1650	16	+60

2891. **EH Lac** Bedeckungsstern; $13^m_.6$—$16^m_.8$

Von diesem Stern konnten nur folgende 3 sichere Minima beobachtet werden:

242 9117.546	$16^m_.4$
243 1003.503	16.0
1352.428	16.8

2892. **203.1940 Lac** Algol-Stern; $13^m.1-14^m.4$

$m = 242\,9640.259 + 4.480083 \cdot E$

$D = 4^h.9 \qquad d = 0^h.0$

Min.	E	$B-R$
242 9640.294	0	+0.035
243 0173.495	119	+0.106
0957.368	294	−0.035
1705.540	461	−0.037
2888.349	725	+0.030
2906.266	729	+0.026
3206.414	796	+0.009
3914.313	954	+0.055
3927.610	957	−0.088

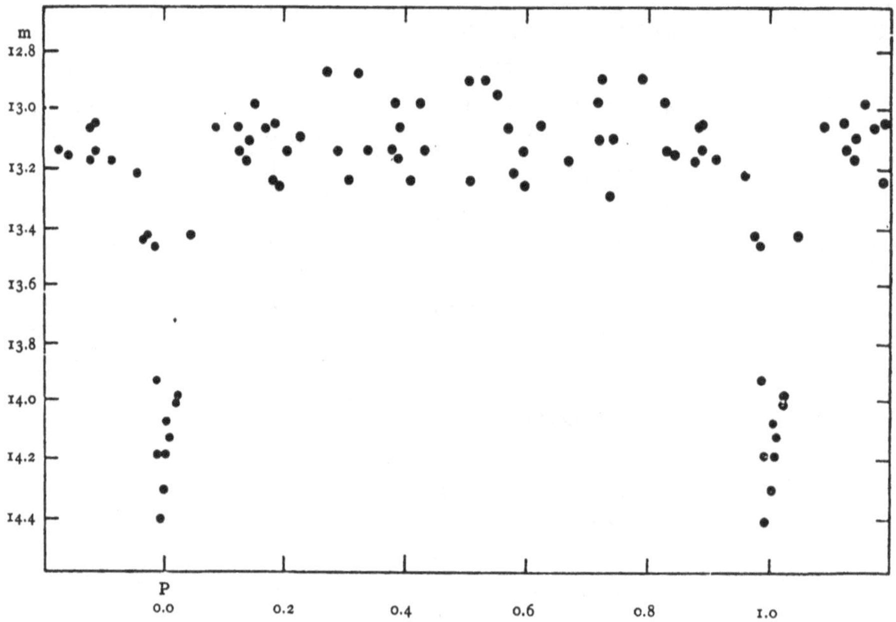

203. 1940 Lacertae

2893. **204.1940 Lac** δ Cephei-ähnlich; $13^m.5-15^m.4$

$M = 242\,9187.5 + 11.2664 \cdot E$

$M-m = 3^d.5$

Max.	E	$B-R$
242 9187.3	0	−0.2
9493.4	27	+1.7
9515.5	29	+1.3
9627.3	39	+0.4
243 0166.5	87	−1.2
0178.5	88	−0.4
0224.5	92	+0.5

Max.	E	B–R
243 0234.4	93	−0.9
0585.4	124	+0.9
0764.4	140	−0.4
1238.5	182	+0.5
3206.4	357	−3.2

Zur Ableitung der Elemente wurden nur die hellsten Maxima $E = 0$, $E = 92$ und $E = 140$ benutzt. Die Periode ist wirksam von 242 7955.5 bis 243 1654.5. Während bis etwa 243 0900.5 die Amplitude des Lichtwechsels auf den Platten des 400 mm-Vierlinsers $1^{m}.9$ und auf den 170 mm-Tripletplatten $1^{m}.2$ betrug

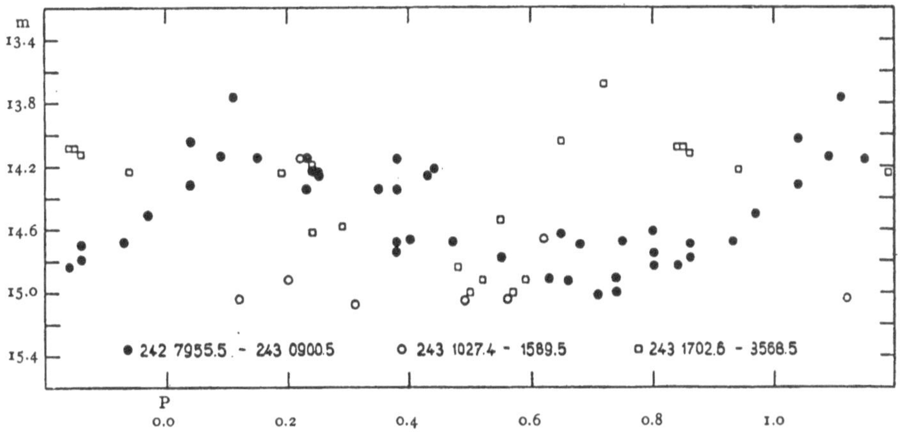

204. 1940 Lacertae (beob. auf Platten des 170 mm-Triplets)

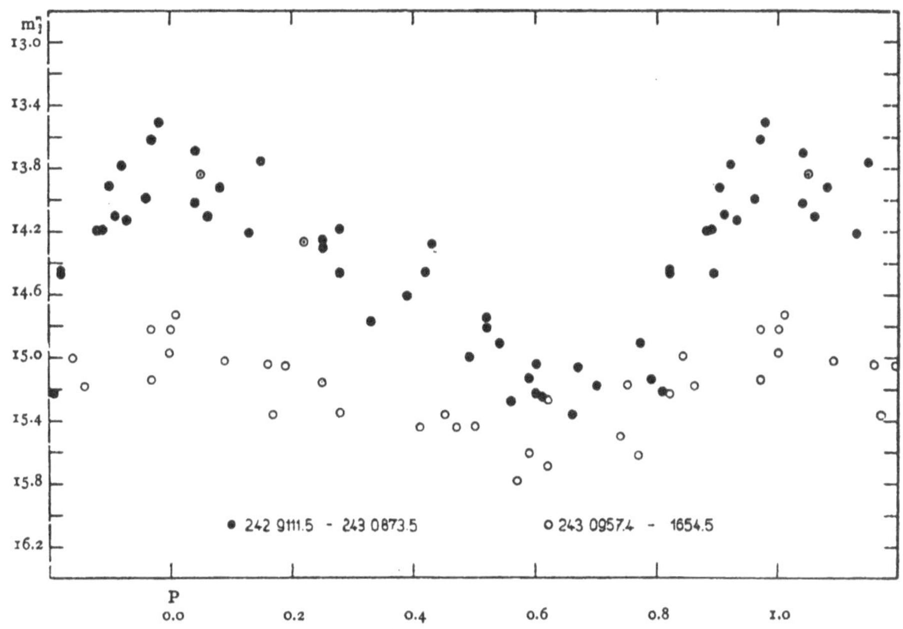

204. 1940 Lacertae (beob. auf Platten des 400 mm-Vierlinsers)

(in den Abb. als volle Kreise gezeichnet), war sie später bei gleicher Periode nur noch $1^m_.1$ bzw. $0^m_.5$ (offene Kreise). In diesen Zeitraum fallen jedoch zwei Beobachtungen bei 243 1238.5 und 1443.3, die durch ihre Helligkeit besser zur ersten steilen Form der Lichtkurve passen würden (Kreise mit Punkt). Die Beobachtung bei 1443.3 mit $14^m_.26$ (Phase 0.22) wird durch eine gleichzeitig aufgenommene Tripletplatte bestätigt. Von 243 1702.6 an scheint jedoch wieder die steile Form der Lichtkurve vorzuherrschen, aber mit veränderter Periode, was auch aus der großen Abweichung von $-3^d_.2$ bei $E = 357$ zu schließen ist (in der Zeichnung als Quadrate dargestellt). Die Art des Lichtwechsels erinnert sehr an die von FY Car und SZ Cas. Der Veränderliche dürfte demnach dem EM Cygni-Typus zuzuordnen sein.

2894. **EI Lac** Unregelmäßig; $14^m_.5$—$15^m_.1$

Der Lichtwechsel vollzieht sich in Wellen von wahrscheinlich 200^d Dauer. Ein Maximum liegt bei 243 0220. Der Stern ist vermutlich schwach gefärbt.

2895. **180.1943 And** Halbperiodisch; $12^m_.1$—$13^m_.4$

$M = 242\,8370 + 117 \cdot E$

Max.	E	$B-R$
242 8370	0	0
8475	1	−12
243 0260	16	+18
0590	19	− 3
0700	20	−10
2825	38	+ 9

2896. **KW Cas** Mira-Stern; $13^m_.1$—$[17^m$

$M = 243\,1292 + 249 \cdot E$

Max.	E	$B-R$
242 9550	−7	+1
9795	6	−3
243 0300	4	+4
1040	−1	−3
1292	0	0

2897. **182.1943 And** μ Cephei-Art; $13^m_.4$—$15^m_.0$

Der Lichtwechsel dieses Sterns verläuft sehr unruhig. Neben Wellen von mehreren hundert Tagen treten solche von 60 bis 80 Tagen auf. Bei 243 1325 folgt einem sehr raschen Abstieg von $0^m_.7$ in 10^d ein ebenfalls rascher Aufstieg von $0^m_.5$ in 20^d. Stillstände wurden nicht beobachtet. Die aus schwach orthochromatischen Platten gewonnene Kurve liegt um $0^m_.3$ bis $0^m_.7$ über derjenigen von Blauplatten.

2898. 205.1940 Cas Algol-Stern; $14^{m}.7$—$17^{m}.3$

$m = 242\,8487.360 + 3.407105 \cdot E$

$D = 14^{h}.6$ $d = 2^{h}.5$

Min.	E	$B–R$
242 8487.350	0	−0.010
8511.252	7	+0.042
9117.546	185	−0.128
9877.551	408	+0.092
243 0262.500	521	+0.038
0957.368	725	−0.143
0998.417	737	+0.021
1267.463	816	−0.095
1291.318	823	−0.089
1710.521	946	+0.040

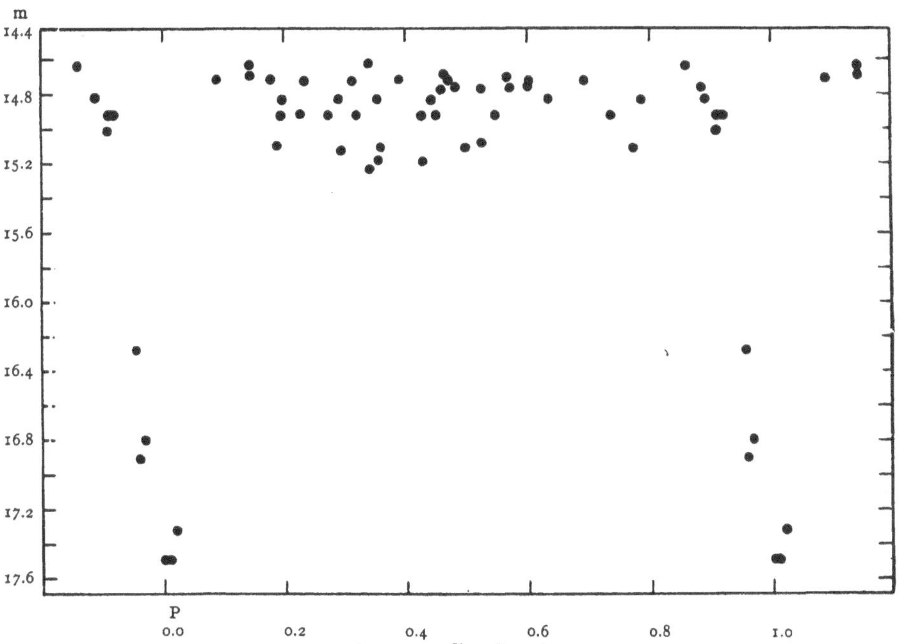

205. 1940 Cassiopeiae

2899. 183.1943 And Algol-Stern; $12^{m}.5$—$13^{m}.6$

$m = 242\,9117.542 + 1.715981 \cdot E$

$D = 6^{h}.2$ $d = 0^{h}.0$

Min.	E	$B–R$
242 9117.546	0	+0.004
9251.350	78	−0.039
9824.507	412	−0.019
243 0780.324	969	−0.004
0900.455	1039	+0.009
1238.506	1236	+0.011
3922.283*	2800	−0.006

* Normalminimum aus 3 Schwächungen.

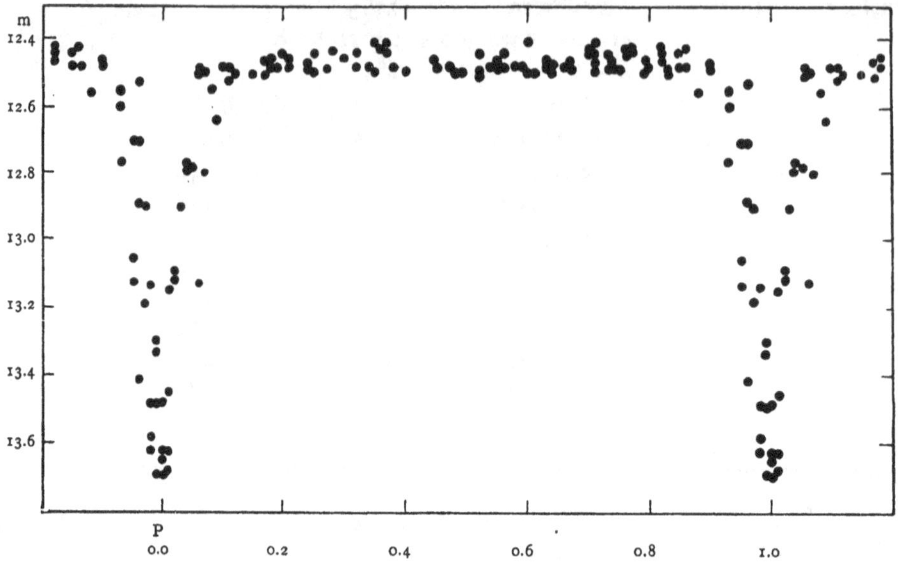

183. 1943 Andromedae

2900. BP And Mira-Stern; $13^{m}4$—[$16^{m}5$

$M = 242\,8452 + 141.6 \cdot E$

Max.	E	B–R
242 8440	0	−12
9875	10	+ 7
243 0720	16	+ 2
1000	18	− 1
1130	19	−12
1300	20	+16

2901. 185.1943 And Halbperiodisch; $12^{m}4$—$13^{m}8$

$M = 242\,8400 + 261 \cdot E$

Max.	E	B–R
242 8400	0	0
9185	3	+2
243 0230	7	+3
1012	10	+2
1267	11	−4

Die Lichtkurve erinnert an die α_1-Form der Ludendorffschen Klassifikation, jedoch mit dem Unterschied, daß die Maxima einen symmetrischen Verlauf zeigen. Im Minimum ist die Helligkeit etwas über 100^d lang konstant. Die Höhe der Minima wird auch besser eingehalten als die der Maxima. Beobachtungen zwischen 243 0700 und 0780 lassen einen verhältnismäßig langsamen Aufstieg erkennen, das Maximum bei $E = 9$ dürfte demnach sehr verspätet eingetreten sein.

2902. **BQ And** Mira-Stern; $12\overset{\text{m}}{.}0$—$15\overset{\text{m}}{.}7$

$$M = 242\,8379 + 155.8 \quad E$$

$M{-}m = 70^{\text{d}}$ Form der Lichtkurve β_1

Max.	E	$B{-}R$
242 8373	0	−6
9152	5	−6
9472	7	+2
9630	8	+5
243 0250	12	+1
0715	15	−1
0875	16	+3
1028	17	0
1345	19	+6
2122	24	+4
2897	29	0
3200	31	−9

2903. **AZ And** Mira-Stern; $11\overset{\text{m}}{.}2$—[$16\overset{\text{m}}{.}7$

Dieser Stern wurde von Tschernowa auf 120 Platten des Sternberg-Instituts geschätzt. Sie fand 8 Maxima und leitete daraus die folgenden Elemente ab:

$$M = 242\,8040 + 192.06 \cdot E \quad \text{(VS 8.21; 1951).}$$

Die auf Sonneberger Platten beobachteten 13 Maxima ließen sich aber nur zum Teil mit diesen Elementen darstellen. Um den in der Spalte $B{-}R_1$ dargestellten systematischen Gang der Abweichungen zu beseitigen, wurden folgende instantane Elemente eingeführt:

$$M = 241\,6708 + 192.1 \cdot E \quad (E = -59 \text{ bis } E = +10)$$

$$M = 243\,0176 + 194.5 \cdot E \quad (E = 11 \text{ bis } E = 25)$$

Die nunmehr erhaltenen Abweichungen sind aus den Spalten $B{-}R_2$ und $B{-}R_3$ zu ersehen.

Max.	E_1	$B{-}R_1$	E_2	$B{-}R_2$	E_3	$B{-}R_3$	Beobachter
241 6700	−59	− 8	0	− 8			Tschernowa
7490	55	+13	4	+14			Tschernowa
7860	53	− 1	6	− 1			Tschernowa
8240	−51	− 5	8	− 5			Tschernowa
242 8030	0	−10	59	−12			Tschernowa, Beljawsky
8423	+ 2	− 1	61	− 3			Huth
8630	3	+14	62	+12			Tschernowa
8817	4	+ 9	63	+ 7			Tschernowa, Huth
9194	6	+ 2	65	0			Tschernowa, Huth
9960	10	− 1	69	− 3			Huth
243 0173	11	+20			0	− 3	Huth
0372	12	+27			1	+ 2	Huth
0576	13	+39			2	+11	Huth
0751	+ 14	+22			3	− 9	Huth

Max.	E_1	$B-R_1$	E_2	$B-R_2$	E_3	$B-R_3$	Beobachter
243 0958	+15	+37			4	+ ·4	Huth
1334	17	+29			6	− 9	Huth
1738	19	+49			8	+ 6	Huth
2118	21	+45			10	− 3	Huth
2905	+25	+63			14	+ 6	Huth

2904. 206.1940 And Raschwechselnd?; $14^m.1$—$15^m.0$

Auf den Reihenaufnahmen des 170 mm-Triplets ist eine Periode von etwa $0^d.34$ angedeutet. Die Amplitude ist hier jedoch gering ($0^m.6$).

2905. 186.1943 Cas V Ursae Minoris-Stern; $13^m.5$—$14^m.5$

$M = 242\,8392 + 123.9 \cdot E$

Max.	E	$B-R$
242 8408	0	+16
9145	6	+10
243 0245	15	− 5
0350	16	−24
0615	18	− 7
0750	19	+ 4
0845	20	−25
0990	21	− 4
1260	23	+18
2125	30	+16

Gestalt und Höhe der Maxima sind starken Schwankungen unterworfen. Auf den Kranz-Ultra-Platten ist der Veränderliche etwa $0^m.5$ heller als auf den Blau-Platten.

2906. 187.1943 And Unregelmäßig; $12^m.8$—$14^m.4$

Der Veränderliche, der die gleiche Färbung wie das Mittel der Vergleichsterne aufweist, zeigt einen sehr lebhaften Lichtwechsel. Es treten Wellen unterschiedlicher Länge (70^d bis 200^d) und Amplitude ($0^m.6$ bis $1^m.6$) auf. Folgende Erscheinungen konnten beobachtet werden:

242 7970	$14^m.3$	Minimum
8335	12.8	Maximum
9170	13.4	sehr breites Maximum
243 0650	13.0	Maximum
0760	13.9	Minimum
0940	14.4	Minimum
1255	13.5	Maximum
1290	14.2	Minimum
1330	12.9	Maximum

2907. **IR Cas** β Lyrae-Stern; $10^m.85$—$12^m.13$

$$m = 242\,8750.2914 + 0.68069178 \cdot E$$
$$A_1 = 1^m.28 \qquad A_2 = 0^m.73$$

Dieser Stern wurde zuerst von GITZ entdeckt und von FLORJA auf Moskauer Platten beobachtet. Er bestimmte vier Normalminima und leitete daraus die Elemente ab (Moskau Trudi XVI.244; 1949). Ein in Sonneberg erhaltenes Normalminimum bei 243 3931.0145 ($E = +7611$) ergibt die verhältnismäßig große Abweichung von −0.0220. Infolge des großen Zeitabstandes von 6544 Epochen und des Fehlens dazwischenliegender Beobachtungen scheint es jedoch nicht ratsam, eine Periodenverbesserung anzubringen.

2908. **188.1943 And** Mira-Stern; $14^m.1$—[16^m

Bei diesem Veränderlichen wurden nur ein Aufstieg und zwei Maxima (242 8440 und 243 1340) beobachtet. Diese lassen sich versuchsweise durch die Elemente:

$$M = 243\,1340 + 420/n \cdot E$$

darstellen. Die angegebenen Helligkeiten wurden auf den Kranz-Ultra-Platten bestimmt.

2909. **189.1943 And** Unregelmäßig; $14^m.7$—$16^m.0$

Die Lichtkurve verläuft in flachen, unregelmäßigen Wellen. Als rascheste Helligkeitsänderung wurde ein Aufstieg um $0^m.7$ in 20 Tagen beobachtet. Auf den schwach orthochromatischen Kranz-Ultra-Platten ist der Stern nur wenig heller als auf den blau-empfindlichen Matter-Platten.

2910. **190.1943 Cas** β Lyrae-Stern; $13^m.1$—$14^m.2$

$$m_1 = 242\,8835.307 + 0.6887589 \cdot E$$
$$A_1 = 1^m.1 \qquad A_2 = 0^m.5$$

Min.	E	B–R
242 8835.336	0	+0.029
9111.499	401	0.000
9463.447	912	−0.008
243 0313.343	2146	−0.040
0645.398	2628	+0.033
0957.368	3081	−0.005
1001.439	3145	−0.015
1353.413	3656	+0.004
2092.444	4729	−0.004
3922.496	7386	+0.016
3924.551	7389	+0.005
3926.613	7392	0.000
3947.275	7422	−0.001
3949.348	7425	+0.006

Zur Darstellung der mittleren Lichtkurve wurden nur die auf Reihenplatten erhaltenen Beobachtungen benutzt.

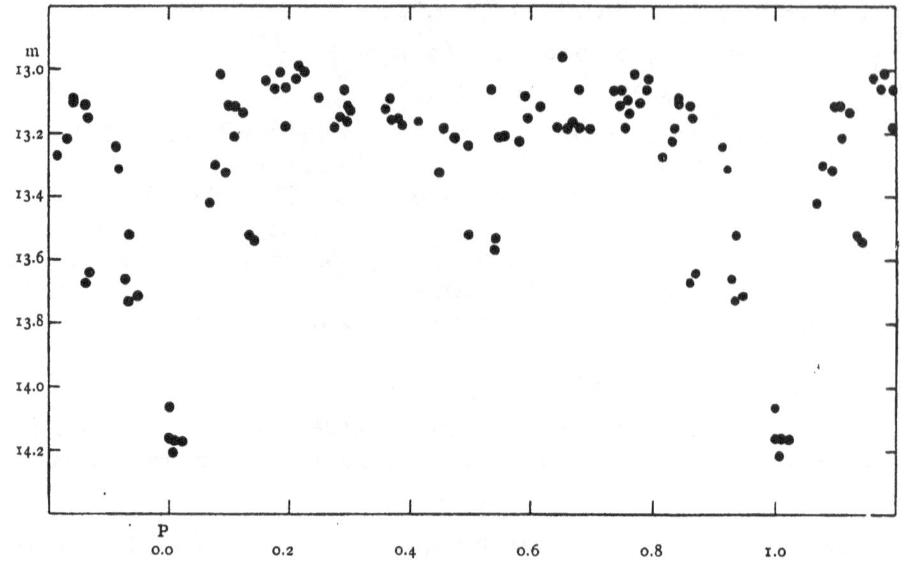

190. 1943 Cassiopeiae

2911. **LL Cas** Langperiodisch; $15^m\!.3$—[17^m

$M = 242\,7957 + 141 \cdot E$

Max.	E	$B–R$
242 7950	0	− 7
8520	4	− 1
9120	8	+35
9480	11	−28
243 1050	22	− 9
1350	24	+ 9

Die Bestimmung der Maxima ist unsicher, da der Stern selten heller als 17^m war.

2912. **208.1940 And** Unregelmäßig; $15^m\!.3$—$15^m\!.8$

Der Lichtwechsel verläuft in langen Wellen von etwa 700^d, denen kürzere Wellen überlagert sind. Auf den schwach orthochromatischen Platten ist der Veränderliche $0^m\!.8$ heller als auf den unsensibilisierten. Die Amplitude der Schwankungen ist hier auch größer ($0^m\!.8$).

2913. **191.1943 Cas** Unregelmäßig; $13^m\!.1$—$13^m\!.7$

Der Stern steht so nahe am Rande des Feldes, daß er auf vielen Platten des 170 mm-Triplets nicht beobachtet werden konnte. Auf den 400 mm-Vierlinser-Platten verläuft der Lichtwechsel langsam mit geringer Amplitude. Manchmal sind auch raschere Helligkeitsänderungen angedeutet, die jedoch nicht verbürgt werden können.

2914. 192.1943 Cas Unregelmäßig; $12^m\!.7$—$13^m\!.6$

Lichtwechsel meist in Form flacher, unregelmäßiger Wellen. Gelegentlich auch raschere Änderungen, so bei 242 9100 ein Abstieg von $12^m\!.7$ bis $13^m\!.4$ in 65^d. Auf orthochromatischen Kranz-Ultra-Platten wenig heller als auf Blau-Platten.

2915. 209.1940 Cas Halbperiodisch; $14^m\!.0$—$14^m\!.7$

$$M = 242\,8359 + 119.2 \cdot E$$

Max.	E	$B-R$	Min.	E	$B-R$
242 8350	0	− 9	242 8418	1	+5
8475	1	− 3	243 0210	16	+9
8805	4	−31	1265	25	−9
9170	7	−23	2818	38	−5
9465	9	+33			
243 0285	16	+19			
0620	19	− 4			
0870	21	+ 8			
1320	25	−19			

Obgleich bei den einzelnen Erscheinungen größere Abweichungen vorkommen, ist der Lichtwechsel doch durch eine über die ganze Beobachtungszeit wirksame mittlere Periode gekennzeichnet. Die Minima weisen fast immer die gleiche Höhe auf, die Maxima zeigen eine wechselnde Höhe zwischen $14^m\!.0$ und $14^m\!.3$. Im allgemeinen wird aber die Kurvenform gut eingehalten. Nur bei $E = 31$ wurde ein Aufstieg von 85^d beobachtet. Auf den schwach orthochromatischen Kranz-Ultra-Platten ist der Stern $0^m\!.9$ heller als auf den blauempfindlichen Matter-Platten.

2916. BL And β Lyrae-Stern; $11^m\!.0$—$11^m\!.8$

$$m_1 = 242\,9491.255 + 0.7223779 \cdot E$$

$$A_1 = 0^m\!.8 \qquad A_2 = 0^m\!.4$$

Dieser Bedeckungsveränderliche wurde von Kljakotko (VS 8.75; 1951) auf einem reichhaltigen Plattenmaterial beobachtet. Ein in Sonneberg aus 5 Einzelminima zusammengestelltes Normalminimum bei 243 3924.488 ergibt mit denselben Elementen gerechnet einen $B-R$-Wert von $0^d\!.000$.

2917. 194.1943 Cas Unregelmäßig; $13^m\!.2$—$13^m\!.7$

Der Lichtwechsel dieses schwach gefärbten Sternes vollzieht sich in unregelmäßigen Wellen, die von Stillständen bis zu 200^d Dauer abgelöst werden.

2918. 195.1943 Cas S Vulpeculae-Stern; $12^m\!.5$—$14^m\!.2$

$$M = 242\,8377 + 70.79 \cdot E$$

$$M-m = 35^d$$

Max.	E	$B-R$
242 8370	0	−7
8447	1	−1

Max.	E	B–R
242 8810	8	+8
9232	12	+6
9505	16	−5
243 0217	26	0
0635	32	−7
0712	33	−1
0785	34	+1
0857	35	+2
1005	37	+9
1700	47	−4

2919. 196.1943 Cas Algol-Stern; $13^m_.2$—$14^m_.6$

$m = 242\,9877.549 + 2.057264 \cdot E$

$D = 6^h_.4$: $d = 0^h_.0$

Min.	E	B–R
242 9877.551	0	+0.002
9879.553	1	−0.053
243 0369.245	239	+0.010
0593.543	348	+0.066
1344.388	713	+0.010
1346.421	714	−0.014
1706.514	889	+0.057
1710.521	891	−0.050
2823.469	1432	−0.082
3897.444	1954	+0.001

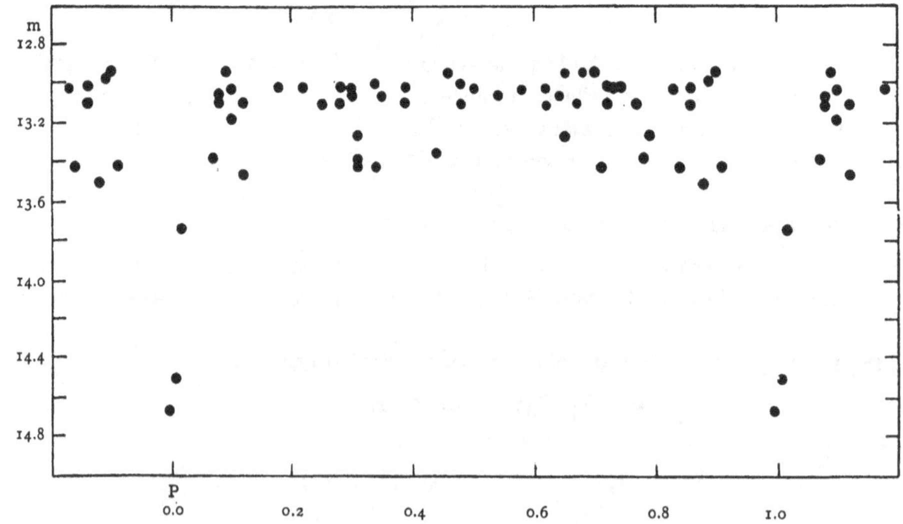

196. 1943 Cassiopeiae

2920. 197.1943 **And** Unbekannt; $12^{m}.4$—$12^{m}.9$

Der Stern ist infolge seiner kleinen Amplitude schwierig zu beobachten. Auf den Reihenaufnahmen sind sowohl Erhellungen als auch Schwächungen beobachtet worden. Es ließ sich jedoch keine Periode finden, die allen Beobachtungen gerecht wurde.

2921. 198.1943 **Cas** Halbperiodisch; $13^{m}.1$—$14^{m}.1$

$M = 242\,8455 + 146 \cdot E$

Max.	E	$B-R$
242 8452	0	− 3
9475	7	− 2
243 0208	12	+ 1
0342	13	−11
0950	17	+13
1380	20	+ 5

2922. 199.1943 **Cas** Raschwechselnd; $13^{m}.4$—$14^{m}.6$

Der Veränderliche ist raschwechselnd. Die Verteilung der einzelnen Helligkeitswerte zeigt zwei Maxima ($13^{m}.4$—$13^{m}.7$ und $14^{m}.2$—$14^{m}.4$). Auf das Intervall von $13^{m}.8$—$14^{m}.0$ fallen überhaupt keine Beobachtungen.

2923. 200.1943 **And** Unregelmäßig; $12^{m}.7$—$13^{m}.5$

Der Lichtwechsel ist durch flache etwas über 200^{d} lange Wellen gekennzeichnet. Die Beobachtungen liegen jedoch zu verstreut, um irgendwelche Aussagen über eine Periodizität zuzulassen.

2924. 201.1943 **And** RR Lyrae-Stern; $13^{m}.4$—$14^{m}.5$

$M = 242\,7955.495 + 0.453635 \cdot E$

$M-m = 0^{d}.09$ Typus RRa

Max.	E	$B-R$
242 7955.506	0	+0.011
8480.330	1157	−0.021
9130.412	2590	+0.002
9160.353	2656	+0.003
9515.525	3439	−0.021
243 0264.515	5090	+0.018
0369.245	5321	−0.042
1003.503	6719	+0.034
1074.294	6875	+0.058
1291.492	7354	−0.035
1316.467	7409	−0.010
2888.349	10874	+0.027
3185.453	11529	0.000
3923.494	13156	−0.023
3924.432	13158	+0.008
3928.491	13167	−0.016

Die Lichtkurve wurde aus Reihenbeobachtungen, erhalten mit einem 190 mm Tessar, aus dem Zeitraum von 243 3888 bis 3928 zusammengestellt.

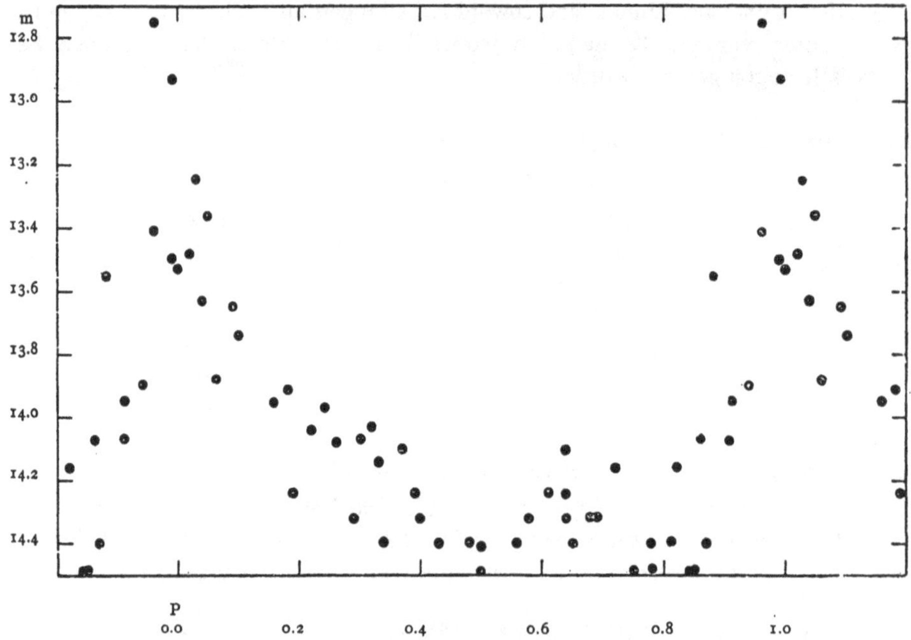

201. 1943 Andromedae (beob. auf Reihenaufnahmen des 190 mm-Tessars)

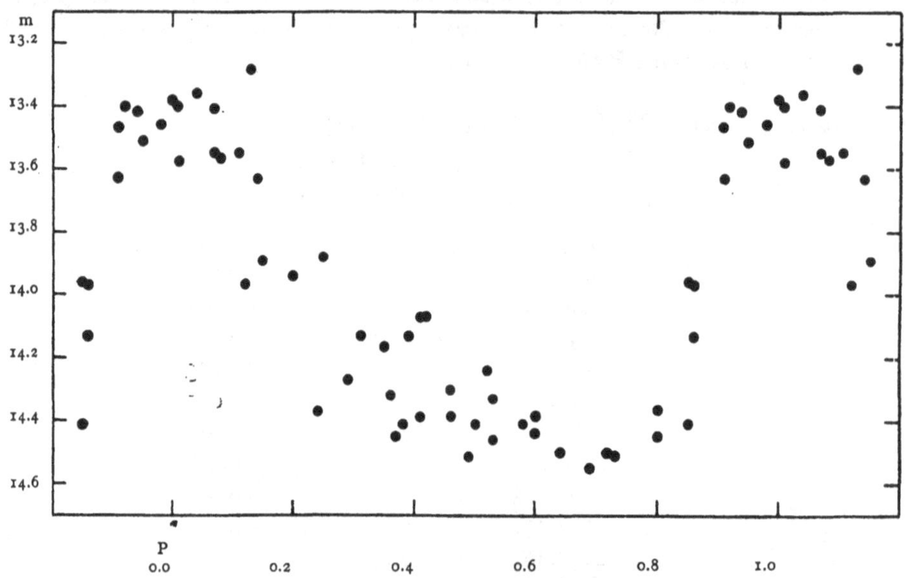

201. 1943 Andromedae (beob. auf Platten des 400 mm-Vierlinsers)

2925. **BE And** V Ursae Minoris-Stern; $10^m_.0$—$11^m_.8$

Für diesen Veränderlichen bestimmte EFREMOW (VS 6.91; 1946) folgende Elemente

$$M = 242\,8776 + 137.4 \cdot E$$

Durch Heranziehung von 12 weiteren Maxima, die auf 432 Platten der Sonneberger Himmelsüberwachung gefunden wurden, ergeben sich die Elemente

$$M = 242\,8767 + 137.2 \cdot E$$

Max.	E	$B-R$	Beobachter
241 6020:	−93	+13	Efremow
6690 :	88	− 3	Efremow
7100::	85	− 5	Efremow
7500	82	−16	Efremow
7780	80	−11	Efremow
242 5877	21	− 8	Huth
6178	19	+18	Huth
6990	13	+ 7	Huth
8100::	5	+19	Efremow
8437	2	−55	Huth
8640	− 1	+11	Efremow
8742	0	−25	Efremow, Huth
8910	+ 1	+ 6	Efremow
9230	3	+52	Huth
9330:	4	+15	Efremow
9500	5	+47	Efremow, Huth
243 0682	14	− 5	Huth
1000	16	+38	Huth
2060	24	+ 1	Huth
3922	38	−58	Huth
4220	40	−35	Huth
4685	43	+19	Huth
5062	+46	−16	Huth

Nach $E = -19$ folgt ein Abstieg von 144^d. Es wurden auch RV Tauri-ähnliche Doppelwellen beobachtet.

2926. **LN Cas** Mira-Stern; $13^m.0$—[17^m

$$M = 242\,8428 + 288 \cdot E$$

Max.	E	$B-R$
242 8415	0	−13
243 0170	6	+14
0742	8	+10
1012	9	− 8
1308	10	0

Das Maximum $E = 10$ ist verhältnismäßig flach.

2927 **204. 1943 And** Halbperiodisch; $14^m.0$—$16^m.2$

$$M = 242\,8518 + 157.2 \cdot E$$

Max.	E	$B-R$
242 8525	0	+ 7
9142	4	− 5
9460	6	− 1

Max.	E	B–R
243 0245	11	− 2
0700	14	−19
0850	15	−26
1032	16	− 1
1375	18	+27
2150	23	+16

2928. **BT And** Z Aquarii-Stern; $12^m_{\cdot}7$—$14^m_{\cdot}2$

Durch die von Mc Knelly (AJ 55.6; 1949) gegebenen Elemente:

$$M = 243\,0580 + 282.3 \cdot E$$

werden die auf Sonneberger Platten erhaltenen vier Maxima wie folgt dargestellt:

Max.	E	B–R	Beobachter
242 9185	−5	+16.5	Huth
9445	−4	− 5.8	Huth
243 0580	0	0.0	Mc Knelly, Huth
1415	+3	−11.9	Mc Knelly, Huth
1705	4	− 4.2	Mc Knelly
2000	5	+ 8.5	Mc Knelly
2562	7	+ 5.9	Mc Knelly
2840	+8	+ 1.6	Mc Knelly

Der Veränderliche ist DO 42986 (Mo).

2929. **205.1943 Cas** Halbperiodisch; $13^m_{\cdot}5$—$15^m_{\cdot}0$

$$M = 242\,8433 + 365 \cdot E$$

Max.	E	B–R
242 8475	0	+42
9220	2	+57
243 0230	5	−28
0575	6	−48
0950	7	−38
1300	8	−53
1705	9	−13
2825	12	+12
3250	13	+72

Der Gang in den *B–R*-Werten läßt eine Veränderlichkeit der Periode vermuten. In der Zeit von 243 0500 bis 1800 treten Doppelwellen auf. Eine auffallend große Streuung an manchen Stellen der Lichtkurve dürfte reell sein. Auf den schwach orthochromatischen Kranz-Ultra-Platten sind die Grenzen des Lichtwechsels $11^m_{\cdot}4$ bis $12^m_{\cdot}6$. Der Stern ist daher sehr rot.

2930. **206.1943 And** Halbperiodisch; $14^m_{\cdot}3$—$15^m_{\cdot}7$

$$M = 242\,9150 + 143 \cdot E$$

Max.	E	B–R
242 9150	0	0
243 0275	8	−19

Max.	E	$B-R$
243 1030	13	+21
1295	15	0
1725	18	+ 1

Bei diesem Stern sind die Unregelmäßigkeiten sowohl in der Form der Wellen als auch in ihrer Amplitude größer, als es die $B-R$-Werte vermuten lassen. Besonders in der Zeit zwischen 242 9200 und 9650 ist der Zyklus stark gestört.

2931. **207.1943 Cas** Mira-Stern; $13\overset{m}{.}1$—[17^{m}

$M = 242\,9085 + 372 \cdot E$

Max.	E	$B-R$
242 9082	0	−3
243 0200	3	−1
0580	4	+7
1315	6	−2

Die Maxima sind spitz und symmetrisch. Halbierung der Periode ist nicht möglich.

2932. **208.1943 And** RW Aurigae-ähnlich; $12\overset{m}{.}3$—$13\overset{m}{.}6$

Trotz dichter Reihenaufnahmen war es nicht möglich, für diesen Veränderlichen einen periodischen Lichtwechsel zu finden. Es wurden sogar offensichtliche Widersprüche festgestellt. So liegen drei Schwächungen $5\overset{d}{.}00$ und $3\overset{d}{.}05$ auseinander, während der Stern dazwischen an zwei aufeinanderfolgenden Nächten sieben Stunden lang konstant war. Außerdem wurde der Veränderliche 1.08 Tage nach der tiefsten beobachteten Schwächung von $13\overset{m}{.}6$ im Maximum ($12\overset{m}{.}4$) geschätzt.

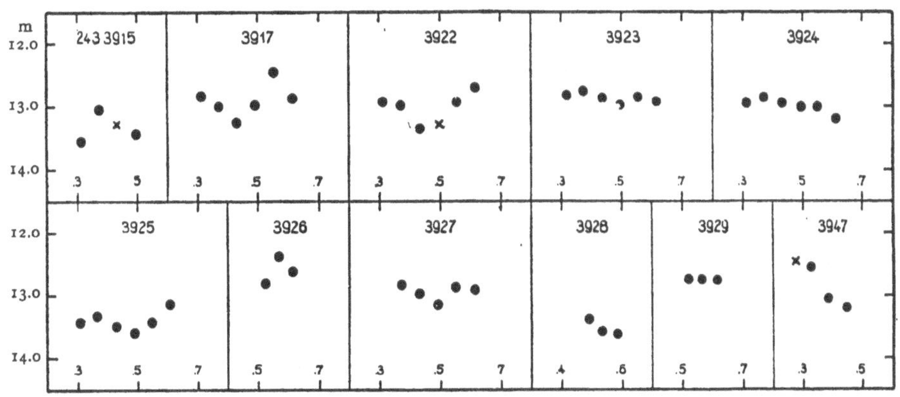

208. 1943 Andromedae

2933. **209.1943 Cas** Raschwechselnd; $13\overset{m}{.}0$—$15\overset{m}{.}1$

Dieser Stern ist offensichtlich raschwechselnd. Es konnten jedoch keine Elemente bestimmt werden, da der Veränderliche nur selten auf den Reihenaufnahmen des 170 mm-Triplets sichtbar war.

2934. 210.1943 Cas Algol-Stern; $12^m.7$—$14^m.3$

$m = 243\,0260.563 + 2.25949 \cdot E$

$D = 10^h.3 \quad d = ?$

Min.	E	B–R
242 8335.466	− 852	−0.012
9187.279	475	−0.026
9494.567	339	−0.029
9824.507	− 193	+0.026
243 0260.572	0	+0.009
0319.341	+ 26	+0.031
0999.452	327	+0.036
2888.349	1163	−0.001
3159.543	1283	+0.054
3568.469	1464	+0.013
3925.489	1622	+0.033
3950.397	1633	+0.087
3977.396	+1645	−0.028

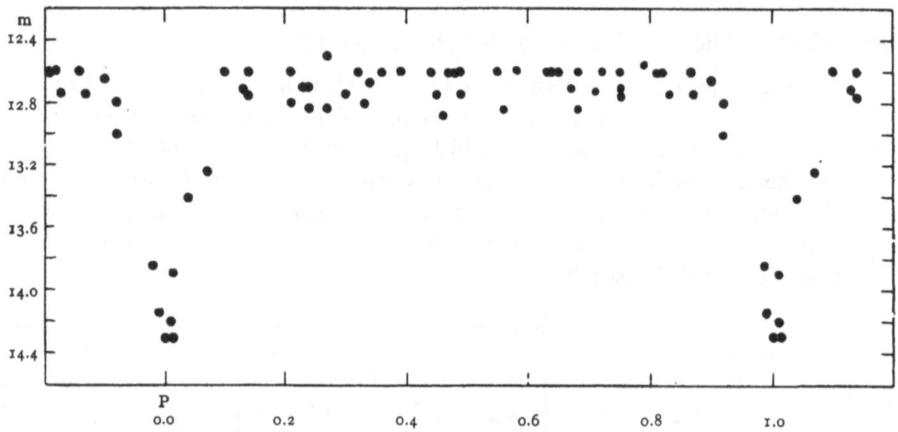

210. 1943 Cassiopeiae

2935. DG Cas Unregelmäßig; $14^m.1$—$14^m.8$

Am Anfang der Reihe wurde ein auf beiden Ästen gut belegtes Maximum beobachtet. Zwischen 242 9100 und 9650 ist eine Periode von 160^d angedeutet. Etwa 60 auf den Zeitraum von 242 9900 bis 243 1700 verteilte Platten zeigen den Stern unveränderlich in der Helligkeit $14^m.0$ bzw. $14^m.3$ auf den Kranz-Ultra-Platten. Auch spätere aber sehr vereinzelte Beobachtungen lassen keinerlei Lichtwechsel erkennen. Erst ab 3150 sind wieder geringe Helligkeitsänderungen angedeutet. Die aus schwach orthochromatischen Platten gewonnene Kurve liegt um $0^m.3$ bis $0^m.6$ über derjenigen von Blauplatten.

2936. 211.1943 Cas Unregelmäßig; $11^m.8$—$13^m.1$

Die Lichtkurve besteht in der Hauptsache aus Wellen von unterschiedlicher Länge und Amplitude. Stillstände wurden nicht beobachtet. Auf den schwach orthochromatischen Kranz-Ultra-Platten des 170 mm-Triplets ist der Veränderliche gering heller als auf den blauempfindlichen Matter-Platten des 400 mm-Vierlinsers.

2937. **212.1943 Cas** β Lyrae-Stern; $13^{m}_{\cdot}0$—$13^{m}_{\cdot}9$

$m_1 = 242\,9456.512 + 0.760747 \cdot E$

$A_1 = 0^{m}_{\cdot}9 \qquad A_2 = 0^{m}_{\cdot}6$

Min.	E	B–R
242 7960.511	−1966.5	+0.008
8487.350	1274	+0.030
8511.252	1242.5	−0.032
8835.336	− 816.5	−0.026
9456.512	0	0.000
9494.567	+ 50	+0.018
9877.551	553.5	−0.034
234 0178.492	949	+0.031
0259.510	1055.5	+0.030
3917.520	+5864	−0.012

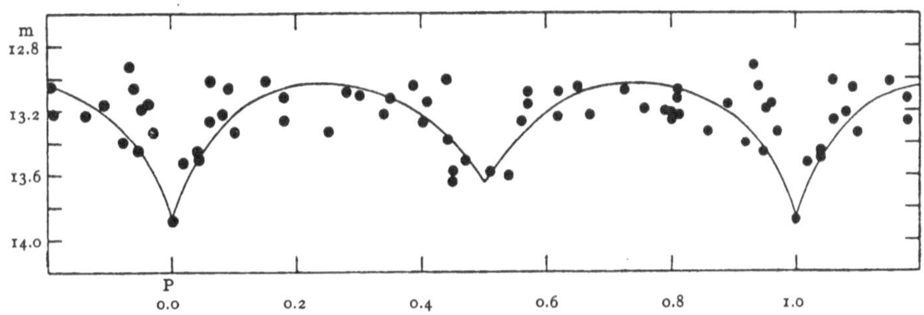

212. 1943 Cassiopeiae

2938. **211.1940 Cas** μ Cephei-Stern; $14^{m}_{\cdot}5$—$15^{m}_{\cdot}1$

Der Lichtwechsel vollzieht sich völlig unregelmäßig, meist mit flachen Wellen von mehr als 100^{d} Länge. Es treten jedoch auch raschere Änderungen auf, so bei 242 8815 ein Abstieg um $0^{m}_{\cdot}5$ in 20^{d} und bei 243 0250 ein Aufstieg um $0^{m}_{\cdot}5$ in 15^{d}. Auf den schwach orthochromatischen Kranz-Ultra-Platten sind die Grenzen des Lichtwechsels $13^{m}_{\cdot}8$ und $14^{m}_{\cdot}5$.

2939. **213.1943 And** μ Cephei-Stern; $13^{m}_{\cdot}8$—$14^{m}_{\cdot}6$

Der Lichtwechsel dieses tiefroten Sternes verläuft in glatten Wellen von etwa 80^{d} bis 150^{d}, oft mit dem vollen Betrag der Amplitude. Zwei gut durchbeobachtete Maxima liegen bei 242 9210 und 243 1330.

2940. **LS Cas** Mira-Stern; $14^{m}_{\cdot}4$—$[16^{m}$

Der Stern war nur auf 30 Platten sichtbar. Dieses dürftige Material erlaubte keine Ableitung sicherer Elemente. Man kann aber als vorläufige Periode den Wert 340^{d} annehmen und die Beobachtungen durch die Formel

$$M = 243\,1385 + 340 \cdot E$$

darstellen.

Feld $23^{h}9^{m} + 52^{\circ}.5$

Zusätzliche Sterne aus Platten des Astrographen 400/1600 mm

H. Huth

2941. S 4606 Lac Langperiodisch ?; $15^{m}.5$—[17^{m}

Von diesem Stern wurde nur ein Maximum erhalten: 243 1002.

2942. 97.1927 Lac Algol-Stern; $13^{m}.6$—$14^{m}.6$

$m = 242\,4795.53 + 1.739293 \cdot E$

$D = 6^{h}.7$ $d = 2^{h}.1$

Min.	E	$B–R$	Beobachter
242 4769.45	− 15	+0.01	Hoffmeister
4795.53	0	0.00	Hoffmeister
4830.35	+ 20	+0.03	Hoffmeister
5002.52	119	+0.01	Hoffmeister
5082.46	165	−0.05	Hoffmeister
5096.50	173	+0.07	Hoffmeister
9187.28	2525	+0.04	Huth
9498.50	2704	−0.08	Huth
9627.28	2778	0.00	Huth
9634.31	2782	+0.07	Huth
9641.30	2786	+0.10	Huth
9879.55	2923	+0.07	Huth
243 0166.47	3088	0.00	Huth
0173.50	3092	+0.08	Huth
1001.35	3568	+0.02	Huth
1267.46	+3721	+0.02	Huth

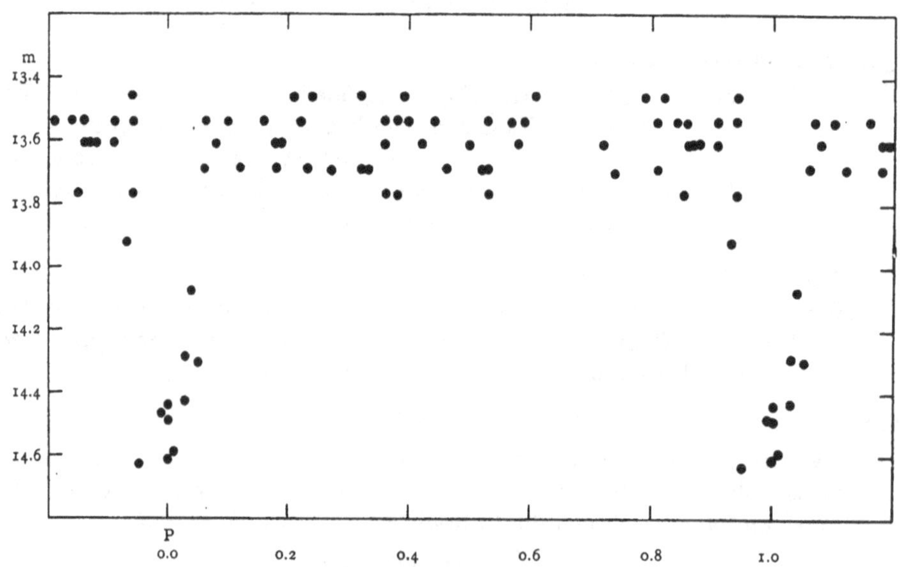

97. 1927 Lacertae

2943. **S 4607 Lac** Algol-Stern; $13^m.8$—$14^m.8$

$m = 242\,9117.576 + 2.277862 \cdot E$

$D = 8^h.5 \qquad d = ?$

Min.	E	B–R
242 9117.546	0	−0.030
9493.448	165	+0.025
9575.444	201	+0.018
9639.253	229	+0.047
9903.502	345	+0.064
243 1001.353	827	−0.015
1074.294	859	+0.035
1443.269	1021	−0.004

Die verhältnismäßig große Streuung der Beobachtungen im Normallicht dürfte — auch nach HOFFMEISTER — reell sein.

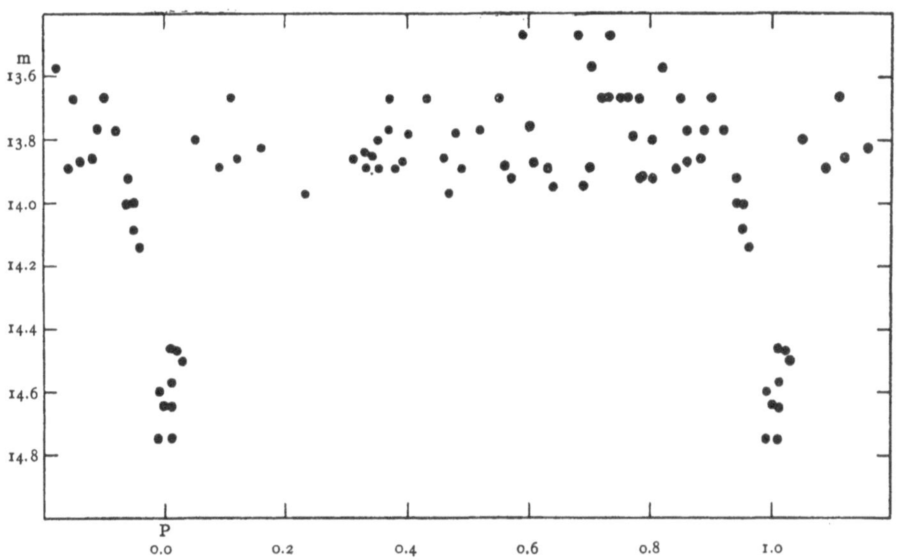

S 4607 Lacertae

2944. **CC Lac** Mira-Stern; $12^m.0$—$16^m.7$

$M = 243\,1082 + 302.4 \cdot E$

$M - m \sim 70^d$; Form der Lichtkurve α_1

Max.	E	B–R
242 8362	−9	+ 2
9270	6	+ 3
9567	5	− 3
9858	−4	−14
243 1080	0	− 2
1395	+1	+11

2945. **DF Cep** Mira-Stern; $14\overset{m}{.}9$—[$16\overset{m}{.}5$

Bei diesem Stern konnte nur ein Abstieg bei 242 9125 und ein Aufstieg bei 243 1350 beobachtet werden.

2946. **S 4597 Lac** Unregelmäßig; $14\overset{m}{.}0$—$15\overset{m}{.}5$

Von diesem sehr randnahen Veränderlichen liegen nur lückenhafte Beobachtungen vor. Diese lassen Wellen von unterschiedlicher Länge und Höhe erkennen. Stillstände wurden nicht beobachtet. Manchmal sind jedoch rasche Helligkeitsänderungen angedeutet.

2947. **S 4609 Lac** Algol-Stern; $13\overset{m}{.}0$—$13\overset{m}{.}5$

$m = 242\,8453.419 + 4.257945 \cdot E$

$D = 10\overset{h}{.}2$: $d = ?$

Min.	E	$B-R$
242 8453.393	0	−0.026
9130.412	159	−0.020
9428.502	229	+0.014
9496.566	245	−0.049
9824.507	322	+0.030
243 0254.493	423	−0.037
0582.457	500	+0.065
1029.478	605	+0.002
1076.336	616	+0.023
1706.514	764	+0.025
3239.416	1124	+0.067
3920.615	1284	−0.005
3950.397	1291	−0.029

Auf den Reihenaufnahmen des 170 mm-Triplets ist ein Nebenminimum angedeutet.

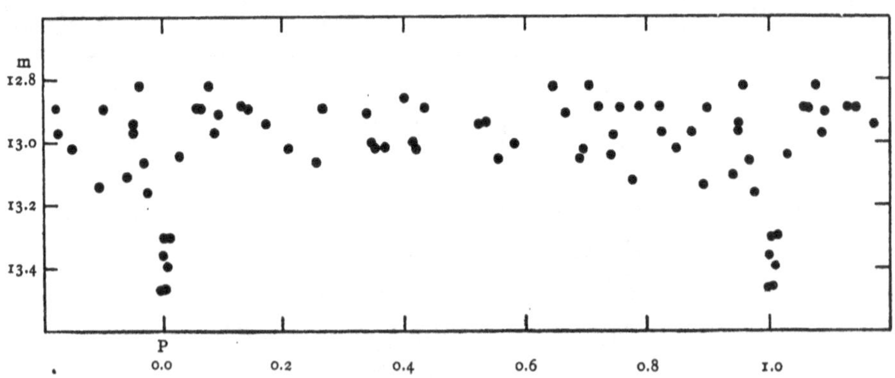

S 4609 Lacertae

2948. **DV Lac** Unregelmäßig; $12\overset{m}{.}1$—$14\overset{m}{.}6$

Dieser stark gefärbte Stern zeigt ein sehr eigenartiges Verhalten. In der Regel wird der Lichtwechsel durch Wellen von etwa 300 Tagen zwischen $13\overset{m}{.}7$ und

$14^m.6$ beherrscht. Eine raschere Änderung trat nur bei 242 9630 auf, wo die Helligkeit innerhalb 15^d um $0^m.5$ anstieg. Neben diesem langsamen Lichtwechsel zeigt der Veränderliche jedoch kurzzeitige Helligkeitsausbrüche von etwa 1^m und mehr. Die erste Erhellung liegt bei 243 0234 mit $12^m.8$. Die größte Helligkeit der Beobachtungsreihe $12^m.1$ erreichte der Veränderliche bei 243 0582, nachdem sie 6 Tage früher noch $13^m.4$ war. Die dritte Erhellung bis $12^m.5$ ist durch drei Schätzungen belegt, eine davon wurde beim Aufsuchen des Sterns auf den Platten des Nachbarfeldes 3 Lacertae erhalten. Eine bei 243 1413 liegende unsichere Beobachtung $13^m.0$ zeigt ihn ebenfalls in einer Helligkeit, die er nur zu den Zeiten seiner Helligkeitsausbrüche erreicht.

Auf den schwach orthochromatischen Platten des 170 mm-Triplets ist der Veränderliche durchschnittlich 2^m heller als auf den unsensibilisierten Platten des 400 mm-Vierlinsers. Die Grenzen des Lichtwechsels sind hier $11^m.5$ und $12^m.0$. Leider konnte auf dieser Plattensorte nie ein Helligkeitsausbruch bestätigt werden. Der Fall bedarf der gleichzeitigen Beobachtung in zwei Spektralbereichen.

2949. **DW Lac** Mira-Stern; $14^m.9$—[$17^m.5$

$M = 242\,9125 + 274 \cdot E$

Max.	E	$B-R$
242 9122	0	−3
9940	3	−7
243 0230	4	+9
1050	7	+7
1312	8	−5

2950. **DX Lac** Mira-Stern; $15^m.1$—[$17^m.5$

$M = 242\,9203 + 278.6 \cdot E$

Max.	E	$B-R$
242 9210	0	+7
9475	1	−7
243 0578	5	−18
0875	6	0
1432	8	0

2951. **S 4612 Lac** Unregelmäßig; $15^m.0$—$15^m.5$

Der Stern zeigt Schwankungen mit sehr kleiner Amplitude. Nur bei 243 1300 konnte ein gut ausgeprägtes Maximum beobachtet werden.

2952. **DY Lac** Bedeckungsstern; $14^m.6$—[$17^m.4$

Es gelang nicht, die Periode aufzufinden. Folgende Schwächungen wurden beobachtet:

242 9111.499
9499.580
243 0582.457

243 0998.417
1291.492
1316.467
1344.388

2953. DZ Lac Langperiodisch; $14^{m}.5$—[17^{m}

$M = 242\ 8327 + 427/n \cdot E$

Max.	E	$B–R$
242 8335:	0	+ 8
9185	2	+ 4
9625:	3	+17
243 0870	6	−19
1325	7	+ 9

2954. S 4615 Lac Algol-Stern; $15^{m}.2$—$16^{m}.1$

Auf 79 Platten des 400 mm-Vierlinsers wurden nur zwei sichere Minima gefunden:

243 0224.509
1353.413

2955. S 4600 Lac Algol-Stern; $12^{m}.9$—$13^{m}.8$

$m = 242\ 8339.492 + 1.107323 \cdot E$

$D = 4^{h}.8$ $d = 0^{h}.0$

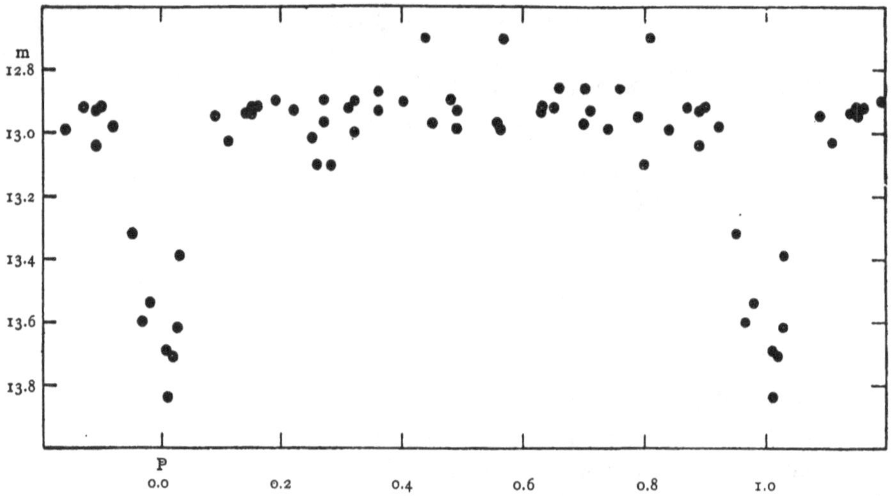

S 4600 Lacertae

Min.	E	$B–R$
242 8339.465	0	−0.027
9463.447	1015	+0.022
9627.284	1163	−0.025
9877.551	1389	−0.013

Min	E	$B-R$
243 0258.510	1733	+0.027
0369.245	1833	+0.030
1413.428	2776	+0.007
1443.300	2803	−0.018
1589.503	2935	+0.018
2827.451	4053	−0.021
2888.349	4108	−0.026
3239.416	4425	+0.020

2956. **S 4616 Lac** Bedeckungsstern; $13^{m}_{.}0$—$13^{m}_{.}5$

Nur vier Schwächungen sind als sicher anzusehen:

242 9631.244
9903.502
243 1001.439
3927.430

2957. **EG Lac** U Geminorum-Stern; $16^{m}_{.}4$—[$17^{m}_{.}5$

Folgende Beobachtungen von Erhellungen liegen vor:

242 9575.4 $16^{m}_{.}4$:; 243 0173.5 $16^{m}_{.}4$; 0178.5 $16^{m}_{.}5$; 0262.5 $16^{m}_{.}6$; 0582.5 $16^{m}_{.}4$; 0996.5 $16^{m}_{.}7$:

2958. **S 4618 Lac** V Ursae Minoris-Stern; $11^{m}_{.}9$—$12^{m}_{.}7$

$M = 242\,8442 + 128.5 \cdot E$

$M - m = 60^{d}$—80^{d}

Max.	E	$B-R$
242 8310	− 1	− 4
8442	0	0
8820	+ 3	− 7
243 0615	17	−11
0760	18	+ 5
0875:	19	− 9
2170	29	+ 2
3200	+37	+ 4

2959. **S 4619 Lac** RW Aurigae-Stern; $12^{m}_{.}4$—$14^{m}_{.}3$

Zwischen 242 8310 und 8510 war die Helligkeit des Veränderlichen konstant ($13^{m}_{.}7$). Nach einem weiteren Stillstand ($13^{m}_{.}2$) bei 9110 von 130 Tagen folgt ein Aufstieg um $0^{m}_{.}5$ in 20^{d}. Später treten mehrfach Schwächungen auf, die in ihrer Form einander ähnlich sind. Die rascheste Helligkeitsänderung liegt bei 243 0260 mit einem Aufstieg von $14^{m}_{.}3$ bis $13^{m}_{.}3$ in 4 Tagen. Die Reihenaufnahmen zwischen 243 3887 und 3977 fallen leider in eine Zeit der Ruhe. Der Stern ist nicht merklich gefärbt.

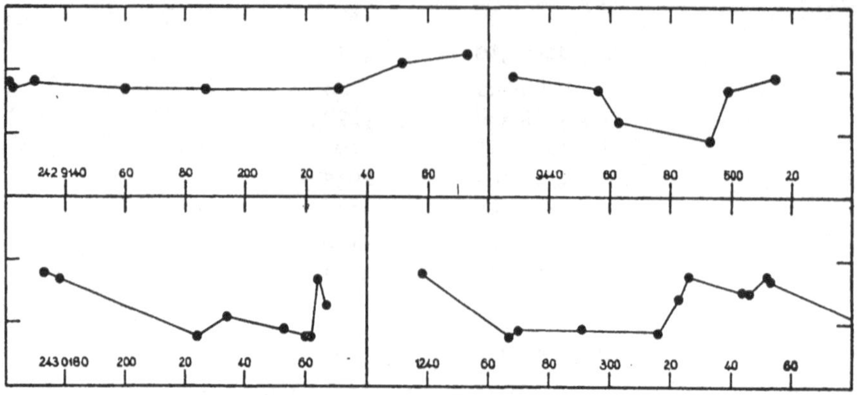

S 4619 Lacertae

2960. S 4620 Lac Bedeckungsstern; $14^{m}.7$—$15^{m}.6$

Die Periode konnte nicht ermittelt werden, da nur drei sichere Minima zur Verfügung standen und die Beobachtung durch Randnähe erschwert wird.

Minima	Schwächungen
242 9111.499	242 9906.512
243 0369.245	243 1028.455
0582.457	1292.470

2961. S 4621 Lac Bedeckungsstern; $13^{m}.9$—$14^{m}.8$

Folgende Minima können als sicher angesehen werden:

242 9633.247
243 0224.509
0957.368
1344.388

2962. S 4622 Lac Kurzperiodisch; $15^{m}.1$—$16^{m}.5$

Die Helligkeit des Veränderlichen schwankt meist zwischen $16^{m}.0$ und $16^{m}.5$. Nur auf vier Platten ist er heller als $15^{m}.5$:

243 0999.452
1001.421
1074.294
1326.488

2963. S 4623 Cas RR Lyrae-Stern; $12^{m}.7$—$13^{m}.3$

$M = 243\,3917.576 + 0.7927 \cdot E$

$M - m = 0^{d}.28$ Typus: RRb

Max.	E	B–R
243 3917.611	0	+0.035
3921.524	5	−0.016
3925.518	10	+0.015
3929.521	15	+0.055
3949.282	40	−0.002

Die Elemente sind aus 57 über 83^{d} verteilten Reihenaufnahmen des 140 mm-Triplets abgeleitet. Eine sichere Überbrückung der Zwischenzeit von 7.5 Jahren zu den Aufnahmen des 400 mm-Vierlinsers gelang nicht. Die Periode dürfte aber grundsätzlich richtig sein.

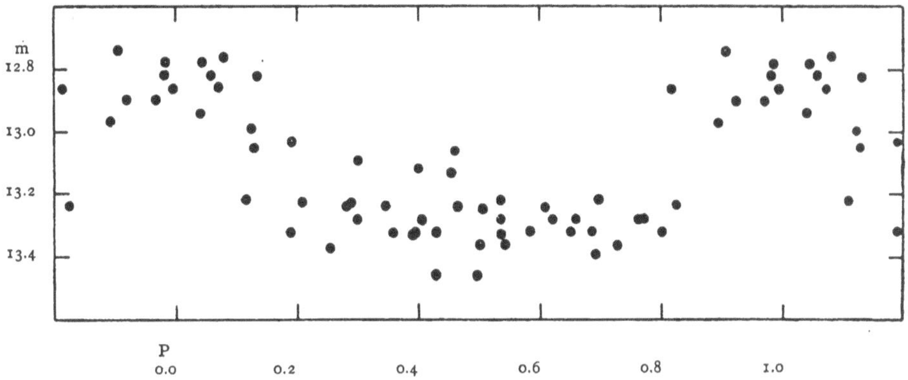

S 4623 Cassiopeiae

2964. **KX Cas** Mira-Stern; $14^{m}5$—[$16^{m}5$

$$M = 242\,9239 + 290 \cdot E$$

Max.	E	B–R
242 9240	0	+ 1
243 0385	4	−14
0990	6	+11
1270	7	+ 1

2965. **KY Cas** Unbekannt; $16^{m}0$—[$17^{m}5$

Der Stern ist sehr schwach und auf den meisten Platten nicht von seinem Nachbarn zu trennen. Eine sichere Entscheidung über die Art des Lichtwechsels ist daher unmöglich.

2966. **BR And** Mira-Stern; $15^{m}7$—[17^{m}

$$M = 242\,9228 + 255 \cdot E$$

Max.	E	B–R
242 9232	0	+4
9480	1	−3
243 0245	4	−3
1270	8	+2

2967. **S 4627 Cas** Unregelmäßig; $12^{m}3$—$13^{m}1$

Der Lichtwechsel verläuft auf den Platten des 400 mm-Vierlinsers in Wellen von mehr als 300 Tagen Dauer. Wenige Beobachtungen zwischen 243 0200 und 0900 deuten auf einen Stillstand im hellen Licht hin, aus dem Schätzungen bei 0725 jedoch ein kurzzeitiges Absinken der Helligkeit um $0^{m}5$ vermuten lassen. Schwach orthochromatische Platten des 140 mm-Triplets zeigen den Stern gering schwächer. Unerklärlich ist das Verhalten des Veränderlichen auf den Reihenaufnahmen; er schwankt hier unregelmäßig in wenigen Stunden um 0^{m}4. Da der Stern jedoch auf den Reihenplatten des 140 mm-Triplets randnah in einer Zone merklicher Verzeichnung steht, dürfte es zweifelhaft sein, ob diese Erscheinung reell ist.

2968. **KZ Cas** U Geminorum-Stern; 15^{m}2—[17^m

Gut belegt ist nur ein Maximum, aus dessen Umgebung folgende Beobachtungen vorliegen:

243 0998.4	16^{m}3
0999.4	16.0
1001.4	15.4
1002.4	15.5
1003.5	16.1

Außerdem wurden sieben Einzelbeobachtungen erhalten:

242 9130.4 15^{m}2, 9187.3 15^{m}8, 9633.2 15^{m}4, 9824.5 15^{m}2, 243 0369.2 15^{m}3, 0873.5 15^{m}5, 1074.3 15^{m}9.

Die kürzesten Zwischenzeiten sind demnach 57 und 72 Tage. Alle Beobachtungen lassen sich einigermaßen durch die Elemente:

$$M = 242\,9132 + 62.3 \cdot E$$

darstellen.

2969. **S 4629 And** Algol-Stern; 12^{m}4—13^{m}0

$m = 243\,1001.482 + 2.717200 \cdot E$

$D = 4^h6$ $d = ?$

Min.	E	$B-R$
243 1001.439	0	−0.043
1702.558	258	+0.038
2827.451	672	+0.011
2906.266	701	+0.027
3914.313	1072	−0.007
3922.496	1075	+0.024
3930.572	1078	−0.052

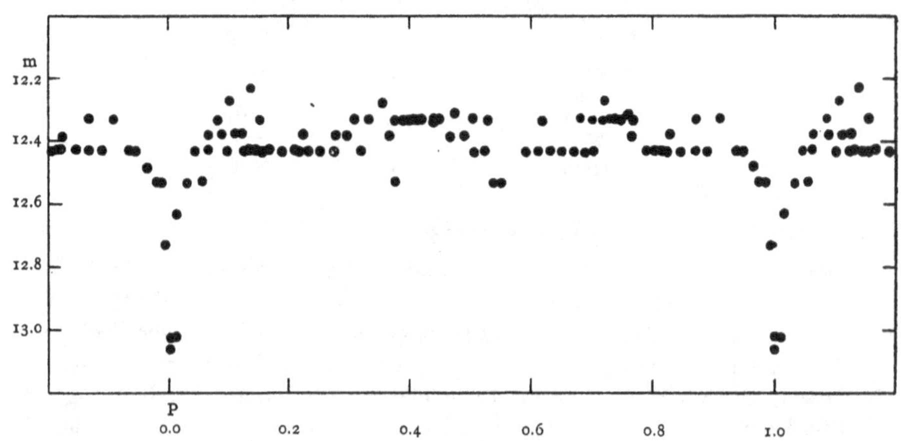

S 4629 Andromedae

2970. **S 4630 And** Raschwechselnd; $16^m_.4$—$17^m_.3$

Das Material ist infolge der Lichtschwäche des Sterns sehr dürftig; er ist auf vielen Platten des 400 mm-Vierlinsers unsichtbar. Folgende Erhellungen wurden beobachtet:

242 9111.499	$16^m_.5$	243 0224.509	$16^m_.5$
9112.438	16.6	0262.500	16.4
9633.247	16.7	0377.260	16.6:
9824.507	16.6	0957.368	16.6

2971. **S 4631 Cas** RR Lyrae-Stern; $14^m_.2$—$15^m_.5$

Da der Stern außerhalb des Feldes der Triplet-Platten steht, ist das Material sehr dürftig. Die Verteilung der Beobachtungen deutet auf RRa-Typus hin. Folgende Erhellungen sind beobachtet:

Max.	Gr.
243 0266.538	$14^m_.4$
0377.260	14.5
1291.492	14.4
1346.421	14.2

2972. **BS And** Algol-Stern; $15^m_.0$—$17^m_.0$

Der Stern ist infolge seiner Randnähe schwierig zu beobachten. Folgende Minima scheinen aber gesichert:

243 0369.245
0957.368
0998.417
1001.439
1344.388

2973. **LM Cas** U Geminorum-Stern; $15^m_.8$—[17^m

Dieser U Geminorum-Stern war nur auf drei von 59 Platten heller als der dicht nordöstlich stehende Stern ($16^m_.4$). Das Paar war selbst auf den besten Platten schwer zu trennen.

242 9961.3	$15^m_.8$
243 1344.4	16.0
1346.4	16.1

2974. **S 5170 And** Mira-Stern; $11^m_.1$—[$17^m_.3$

$$M = 242\,9651 + 353.5 \cdot E$$

Max.	E	$B-R$
242 9640	0	−11
243 0377	2	+19
0704	3	− 7
1074	4	+ 9
1413	5	− 5

Max.	E	$B-R$
243 2125	7	− 1
3185	10	− 1
3538	11	− 2
3887	12	− 6
4271	13	+25

Dieser Stern wurde bei der Bearbeitung des Feldes gefunden und in den „Mitteilungen über veränderliche Sterne“ Nr. 179 angezeigt.

2975. **S 4634 Cas** Halbperiodisch; $14^m.4$—$15^m.6$

$$M = 243\,1005 + 176 \cdot E$$

Max.	E	$B-R$
242 8355	−15	−10
243 1005	0	0
1355	+ 2	− 2
1690	+ 4	−19

Die zur Ableitung der Elemente benutzten Maxima sind gut mit Beobachtungen belegt. Zwischen 242 8800 und 243 0650 beträgt die Amplitude der Kurvenstücke nur noch etwa $0^m.5$, so daß die Periodizität in dieser Zeit stark verwischt erscheint. Ausgesprochene Widersprüche zu den Elementen sind jedoch nicht vorhanden. Der Stern scheint auf den schwach orthochromatischen Platten des 170 mm-Triplets gering heller als auf den Blauplatten des 400 mm-Vierlinsers.

2976. **S 4635 And** Halbperiodisch; $12^m.9$—$13^m.7$

$$M = 242\,9480 + 70.9 \cdot E$$

Max.	E	$B-R$
242 9480	0	0
9905	6	0
243 0188	10	−1
1252	25	0
1323	26	0

Obwohl diese wenigen Maxima sich durch diese Elemente gut darstellen lassen, ist der Kurvenverlauf sehr ungleichmäßig. Am Anfang der Reihe ist der Stern 150 Tage lang nahezu konstant. Auch später beobachtete Kurvenstücke lassen sich schwer durch die Periode darstellen.

2977. **S 4636 And** Raschwechselnd; $15^m.3$—$16^m.5$

Der Stern ist offenbar raschwechselnd. Infolge des Fehlens von Reihenaufnahmen mit dem 400 mm-Vierlinser kann jedoch nichts näheres über den Lichtwechsel gesagt werden.

2978. **BV And** Mittellange Periode? $15^m.2$—[17^m

Der Stern wurde vom Entdecker als Mira-Stern angezeigt. Auf Grund der Beobachtungen dürfte es sich wahrscheinlich um einen Veränderlichen mit mittellanger Periode handeln. Die Beobachtungen reichen jedoch nicht aus, um den Stern näher zu klassifizieren.

2979. **S 4638 And** Bedeckungsstern? $14^m3—15^m0$

Die Beobachtungen deuten auf Bedeckungslichtwechsel hin. Es gelang jedoch nicht, eine Periode zu finden, die allen Beobachtungen gerecht wurde.

2980. **S 4639 And** Raschwechselnd; $12^m5—13^m1$

$M = 242\,9130.407 + 0.2436553 \cdot E$

$M - m = 0^d12$

Max.	E	$B-R$
242 9130.412	0	+0.005
9160.353	123	−0.024
9634.309	2068	+0.023
243 0173.495	4281	0.000
3917.490	19647	−0.013
3925.310	19679	+0.010

Die beiden letzten Maxima sind aus Reihenaufnahmen abgeleitet. Eine Entscheidung über die Zugehörigkeit des Veränderlichen zum W Ursae majoris- oder RR Lyrae-Typus war nicht möglich.

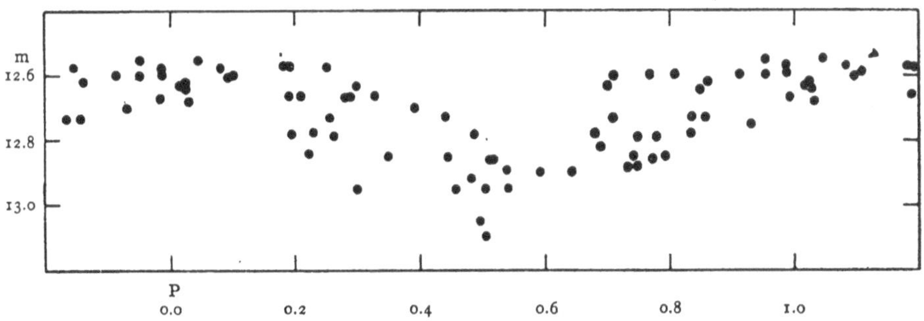

S 4639 Andromedae

2981. **S 4640 Cas** Algol-Stern; $15^m0—16^m7$

Von diesem Stern wurden nur drei Schwächungen beobachtet:

242 9187.279
9534.309
243 1001.439

2982. **S 4641 And** Halbperiodisch; $14^m0—16^m6$

$M = 242\,8501 + 153 \cdot E$

Max.	E	$B-R$
242 8490	0	−11
8815	2	+ 8
9110	4	− 3
243 0805	15	+ 9
0960	16	+11
1240	18	−15

Obwohl diese Maxima durch die Elemente gut dargestellt werden, zeigt die Lichtkurve jedoch starke Unregelmäßigkeiten. Mitunter treten RV Tauri-ähnliche Doppelwellen auf. Bei $E = 12$ zeigen Beobachtungen 20 Tage vor dem errechneten Maximum den Veränderlichen nahe seiner Minimumshelligkeit $15^m.9$.

2983. **S 4642 Cas** Unregelmäßig; $13^m.8$—$14^m.4$

Der Lichtwechsel vollzieht sich in sehr langen Wellen mit geringer Amplitude. Ein Maximum lag bei 242 9190. Der Stern ist wahrscheinlich rötlich.

2984. **S 4643 Cas** Unregelmäßig; $11^m.5$—$13^m.8$

Dieser Stern zeigt Wellen von 300 bis 500 Tagen Dauer und sehr unterschiedlicher Amplitude. Die rascheste Änderung ist ein Abstieg von $1^m.6$ in 70^d. Der Stern ist BD $+57°2750$.

2985. **S 4644 Cas** Bedeckungsstern; $16^m.1$—$17^m.0$

Von diesem Stern konnten nur vier Schwächungen erhalten werden:

243 0224.509
0253.344
0999.452
1002.421

2986. **S 4645 Cas** β Lyrae-Stern; $11^m.8$—$12^m.6$

$m_1 = 242\,9079.480 + 1.303879 \cdot E$

$A_1 = 0^m.8$ $A_2 = 0^m.2$

Min.	E	$B–R$
242 7955.506	−862	−0.030
9079.463	0	−0.017
9109.494	+ 23	+0.025
9130.412	39	+0.081
9160.353	62	+0.033
243 0173.495	839	+0.061
0259.510	905	+0.020
0576 409	1148	+0.076
1001.439	1474	+0.041
1267.463	1678	+0.074
1344.388	1737	+0.070
1353.413	1744	−0.032
1413.428	1790	+0.005
1645.455	1968	+0.059
3914.313	3708	+0.050
3923.373	3715	−0.017
3928.584	+3719	−0.022

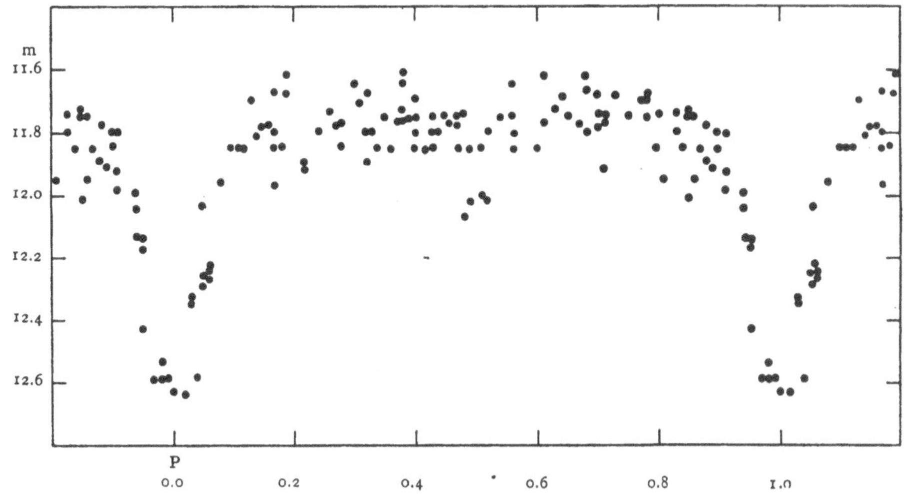

S 4645 Cassiopeiae

2987. S 4646 Cas Algol-Stern; $12^m.4$—$13^m.4$

$m_1 = 243\ 1346.424 + 1.500590 \cdot E$

$D = 4^h.3$ d nicht bestimmbar

$A_1 = 1^m.0$ $A_2 = 0^m.2$

Min.	E	$B-R$
242 9113.517	−1488	−0.029
9574.233	1181	+0.006
9670.274	1117	+0.009
9901.398	963	+0.042
9985.413	− 907	+0.024

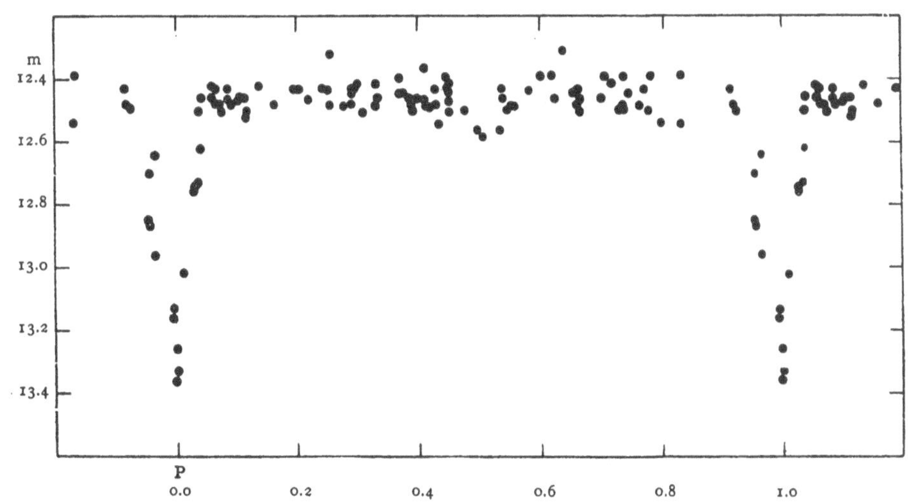

S 4646 Cassiopeiae

Min.	E	$B-R$
243 0024.411	−881	+0.007
0234.435	−741	−0.052
1346.421	0	−0.003
1352.428	+ 4	+0.002
2827.451	987	−0.055
3897.444	1700	+0.017
3915.434	1712	0.000
3924.432	1718	−0.006
3927.430	+1720	−0.009

2988. **BM And** RW Aurigae-Stern; $12^{m}.4$—$14^{m}.6$

Bei diesem Stern handelt es sich um einen typischen Vertreter seiner Klasse. Er durchläuft bei 242 9150 den gesamten Helligkeitsbereich innerhalb 30 Tage. Bei 243 0200 und 1300 wurden ebenfalls besonders rasche und unregelmäßige Änderungen festgestellt. Stillstände sind nicht beobachtet. Eine Agfa-Pan-Platte zeigt den Veränderlichen $0^{m}.4$ schwächer als eine etwa 1^{h} vorher aufgenommene Matter-Platte.

2989. **S 4648 Cas** Algol-Stern; $12^{m}.3$—$12^{m}.8$

$m = 243\ 0319.344 + 1.228985 \cdot E$

$D = 2^{h}.1$: $d = 1^{h}.5$

Min.	E	$B-R$
243 0319.341	0	−0.003
1001.439	555	+0.008
1291.492	791	+0.021
1329.546	822	−0.024
3239.416	2376	+0.004
3915.345	2926	−0.009
3921.498	2931	−0.001
3927.642	2936	−0.002
3947.318	2952	+0.010

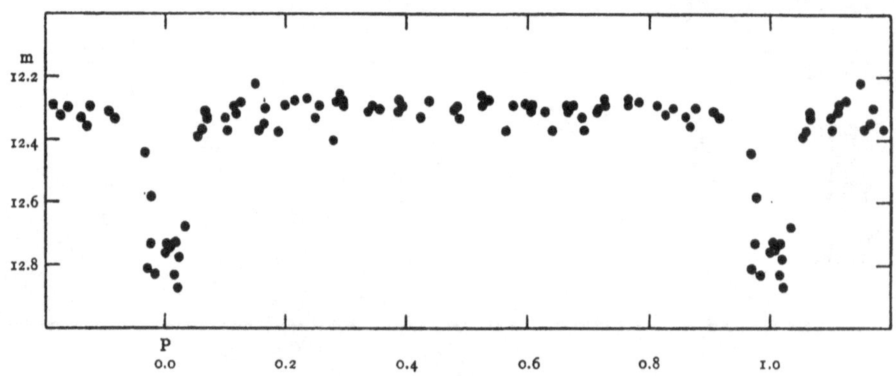

S 4648 Cassiopeiae

2990. **S 4649 Cas** Unbekannt; $15^{\mathrm{m}}.0$—$16^{\mathrm{m}}.0$

Infolge des Fehlens von Reihenaufnahmen können über die Art des Lichtwechsels keinerlei Aussagen gemacht werden.

2991. **LO Cas** Bedeckungsstern; $15^{\mathrm{m}}.0$—[17^{m}

Von diesem Veränderlichen liegen nur drei sichere Minima vor:

243 0234.435
1346.421
1413.428

Feld β Delphini

Zusätzliche Sterne aus Platten des Astrographen 400/1600 mm

H. Huth

2992. **S 4497 Del** W Ursae Majoris-Stern; $15^{\mathrm{m}}.1$—$15^{\mathrm{m}}.45$

$m_1 = 243\,0613.494 + 0.391148 \cdot E$

$A_1 = A_2 = 0^{\mathrm{m}}.35$

Min.	*E*	*B–R*
242 9790.513	−2104	−0.006
9844.504	1966	+0.007
9846.445	1961	−0.008
9846.473	1961	+0.020
243 0606.429	18	−0.024
0608.391	− 13	−0.018
0613.475	0	−0.029
0614.460	+ 2.5	−0.012

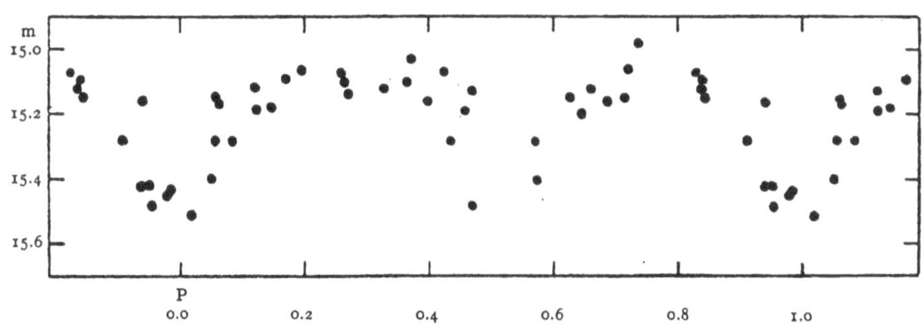

S 4497 Delphini

2993. **S 4498 Del** RR Lyrae-Stern; $12^{\mathrm{m}}.9$—$13^{\mathrm{m}}.4$

$M = 242\,9846.506 + 0.1984164 \cdot E$

$M - m = 0^{\mathrm{d}}.069$ Typus RRb

Max.	Gr.	*E*	*B–R*
242 9844.531	$12^{\mathrm{m}}.97$	− 10	+0.009
9845.502	12.94	−5	−0.012

Max.	Gr.	E	$B-R$
242 9845.531	$12^m.95$	− 5	+0.017
9846.501	12.81	0	−0.005
243 0593.524	12.95	+3765	−0.020
0606.429	13.01	3830	−0.012
0608.432	12.96	3840	+0.007
0612.587	12.84	3861	−0.005
0613.391	12.81	3865	+0.006
0614.377	12.97	3870	0.000
0614.419	12.87	3870	+0.042
0619.532	12.93	+3896	−0.004

Ein durch Zessewitsch (AZ 122.7; 1952) beobachtetes Maximum bei 243 3890.35 wird durch die angegebenen Elemente nicht dargestellt.

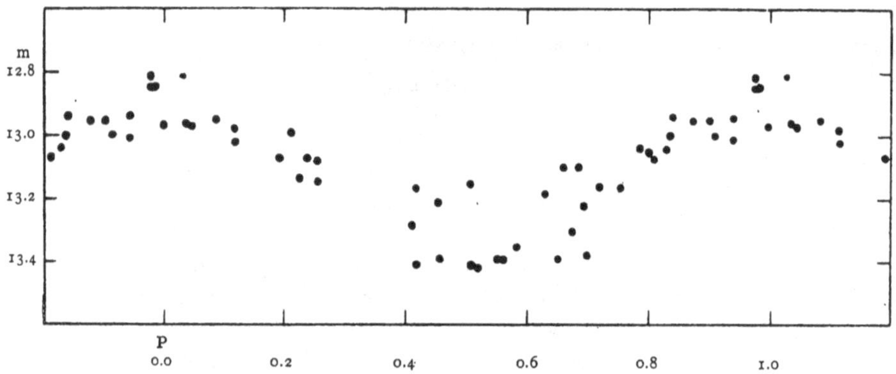

S 4498 Delphini

2994. **S 4499 Del** Langperiodisch; $14^m.0—15^m$

Der Stern liegt außerhalb des eigentlichen Feldes; es standen daher außer den Reihenaufnahmen mit dem 400 mm-Vierlinser nur noch Platten des 140 mm-Triplets und des 140 mm-Tessars zur Verfügung, deren Reichweite aber nur Helligkeitsschätzungen in der Nähe der Maxima zuließ. Zwei gut durchbeobachtete Maxima bei 243 3895 und 4160 und verstreut liegende Einzelbeobachtungen werden jedoch ohne Widersprüche durch die Elemente

$$M = 243\,3899 + 256 \cdot E$$

wie folgt dargestellt:

Max.	E	$B-R$
242 6955	−27	−32
8780	20	+ 1
9800	−16	− 3
243 3895	0	− 4
4160	+ 1	+ 5
4665	+ 3	− 2

2995. **EN Del** Langperiodisch; $14^{m}.5$—[$16^{m}.5$

Der Stern ist randnah und konnte daher nur auf den Reihenaufnahmen des 400 mm-Vierlinsers beobachtet werden. Diese Beobachtungen zeigen den Veränderlichen von 242 9789 bis 9851 [16^{m} und von 243 0593 bis 0619 zwischen $14^{m}.5$ und 15^{m}.

2996. **S 4501 Sge** RR Lyrae-Stern; $14^{m}.4$—$15^{m}.8$

$M = 242\,9846.501 + 0.482627 \cdot E$

$M-m = 0^{d}.072$ Typus RRa

Max.	E	$B-R$
242 9790 513	−116	−0.003
9791.485	114	+0.003
9845.531	− 2	−0.005
9846.501	0	0.000
243 0614.377	+1591	+0.016

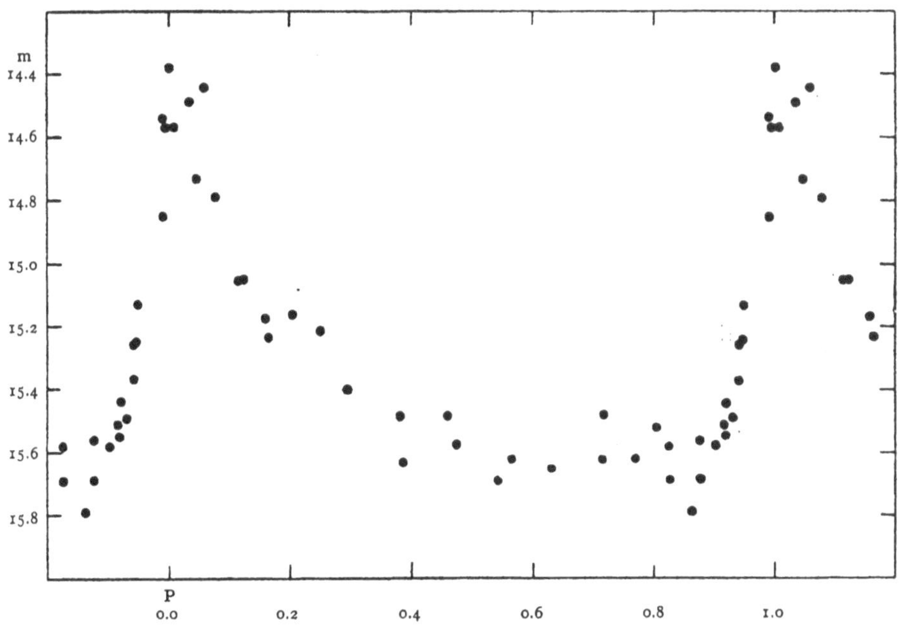

S 4501 Sagittae

2997. **S 4502 Del** Algol-Stern?; $14^{m}.3$—$14^{m}.9$

Der Stern wurde auf 178 Platten nachgesehen. Dabei wurde nur ein Minimum gefunden, das durch folgende Beobachtungen belegt ist:

243 0613.348	$14^{m}.31$
0613.391	14.36
0613.432	14.70
0613.475	14.90
0613.516	14.47

2998. **S 4503 Del** Algol-Stern?; $15\overset{m}{.}9$—$16\overset{m}{.}4$

Von diesem sehr schwachen Stern konnte nur ein Abstieg, belegt durch folgende Beobachtungen, festgestellt werden:

243 0613.348	$15\overset{m}{.}98$
0613.391	16.32
0613.432	16.32
0613.475	16.42

2999. **S 4504 Del** BO Cephei-Stern; $13\overset{m}{.}3$—$13\overset{m}{.}9$

Charakteristisch für den Lichtwechsel dieses Veränderlichen sind das sehr gut eingehaltene Normallicht bei $13\overset{m}{.}5$ und die plötzlich einsetzenden Minima mit jeweils derselben Amplitude von $0\overset{m}{.}4$, aber sehr unterschiedlicher Länge. Mitunter treten auch geringe Erhellungen um $0\overset{m}{.}2$ auf. Eine Gegenüberstellung der Helligkeiten auf Blau- und auf Pan-Platten ergab keine merkliche Verfärbung.

3000. **S 4505 Del** U Geminorum-Stern; $14\overset{m}{.}5$—$16\overset{m}{.}5$

Der Stern erreichte auf 178 durchgesehenen Platten nur einmal bei einem Helligkeitsausbruch den vollen Betrag der Amplitude und zwar:

243 0593.52	$14\overset{m}{.}47$
0593.57	14.59

Weitere Erhellungen wurden zu folgenden Zeiten beobachtet: 242 5527.30 $15\overset{m}{.}7$; 6159.47 $15\overset{m}{.}8$; 6677.24 $15\overset{m}{.}4$; 7693.37 $15\overset{m}{.}7$; 7696.35 $15\overset{m}{.}7$; 243 3180.36 $15\overset{m}{.}5$.

3001. **385.1933 Del** RR Lyrae-Stern; $12\overset{m}{.}6$—$14\overset{m}{.}3$

$$M = 242\,6649.245 + 0.6154325 \cdot E$$

$M{-}m = 0\overset{d}{.}092$ Typus RRa

Max.	E	$B{-}R$
242 6649.281	0	+0.036
9844.531	5192	−0.040
9846.417	5195	0.000
243 0593.567	6409	+0.015
0608.348	6433	+0.026
0614.460	6443	−0.017
0619.409	6451	+0.009
3834.495	11675	+0.076
3855.432	11709	−0.012
3887.370	11761	+0.023
3927.410	11826	+0.060
4120.563	12140	−0.033
4133.561	12161	+0.041
4191.447	12255	+0.077
4194.452	12260	+0.005
4197.513	12265	−0.012

Max.	E	B–R
243 4210.425	12286	–0.024
4226.520	12312	+0.070
4239.392	12333	+0.018
4453.644	12681	+0.099
4456.639	12686	+0.017
4485.589	12733	+0.042
4514.520	12780	+0.048
4517.528	12785	–0.022
4535.484	12814	+0.087
4567.426	12866	+0.026
4575.463	12879	+0.063
4578.522	12884	+0.045
4678.266	13046	+0.089
4710.234	13098	+0.054
4718.223	13111	+0.042
4890.523	13391	+0.021
4959.505	13503	+0.075
4986.480	13547	–0.029
5070.220	13683	+0.012
5226.580	13937	+0.052
5314.540	14080	+0.005
5332.410	14109	+0.028
5335.472	14114	+0.013
5369.340	14169	+0.032
5372.376	14174	–0.009
5375.452	14179	–0.010

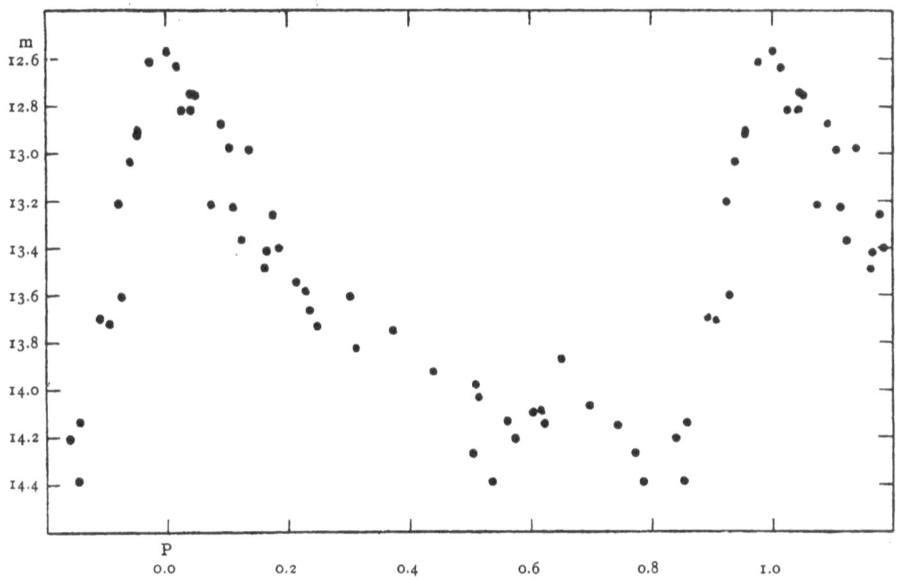

385. 1933 Delphini

3002. S 4506 Del RR Lyrae-Stern; $13^m_.7$—$14^m_.7$

$M = 242\,9846.559 + 0.413136 \cdot E$

$M-m = 0^d_.082$ Typus RRa

Max.	E	$B-R$
242 9789.512	− 138	−0.034
9844.504	− 5	+0.011
9846.556	0	−0.003
243 0593.524	+1808	+0.015
0608.391	1844	+0.009
0613.348	1856	+0.009
0619.532	+1871	−0.004

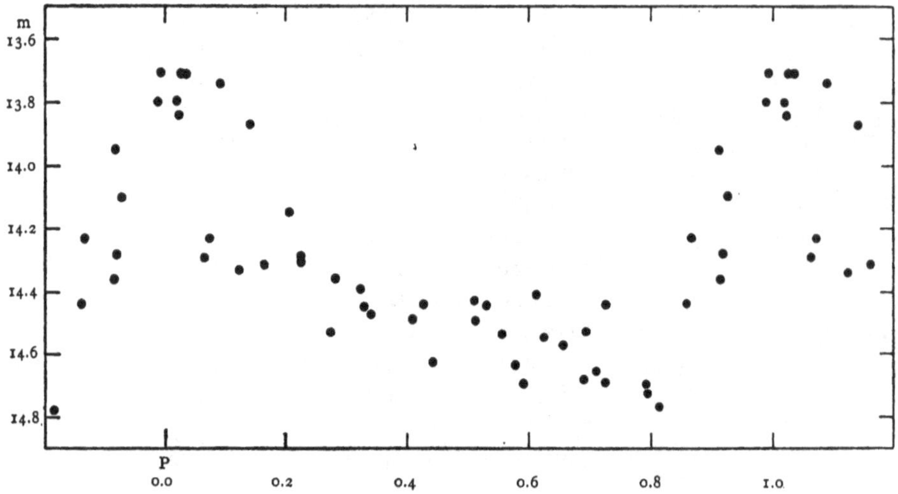

S 4506 Delphini

3003. S 4507 Del Algol-Stern; $14^m_.6$—$15^m_.4$

$m = 242\,9791.410 + 0.678036 \cdot E$

$D = 2^h_.6$ $d = ?$

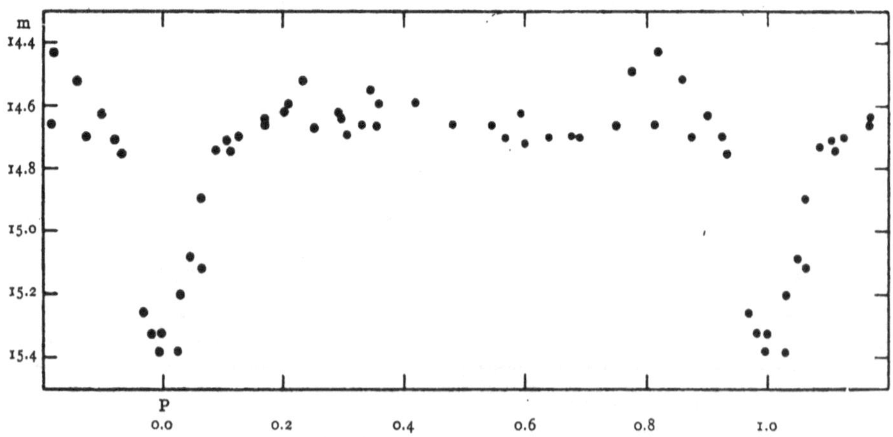

S 4507 Delphini

Min.	E	$B-R$
242 9791.429	0	+0.019
243 0593.498	1183	−0.029
0606.40*	1202	−0.01
0608.432	1205	−0.011
0614.544	1214	−0.002

* Normalminimum.

3004. S 4508 Del β Lyrae-Stern; $14^m_.2$—$14^m_.8$

$m_1 = 242\,9845.531 + 0.415928 \cdot E$

$A_1 = 0^m_.6$ $A_2 = 0^m_.3$

Min.	E	$B-R$
242 9791.457	−130	−0.003
9845.531	0	0.000
9846.389	+ 2	+0.026
243 0607.471	1832	−0.040
0608.348	1834	+0.005
0612.542	1844	+0.040
0613.348	1846	+0.014
0614.544	1849	−0.038
0619.532	+1861	−0.041

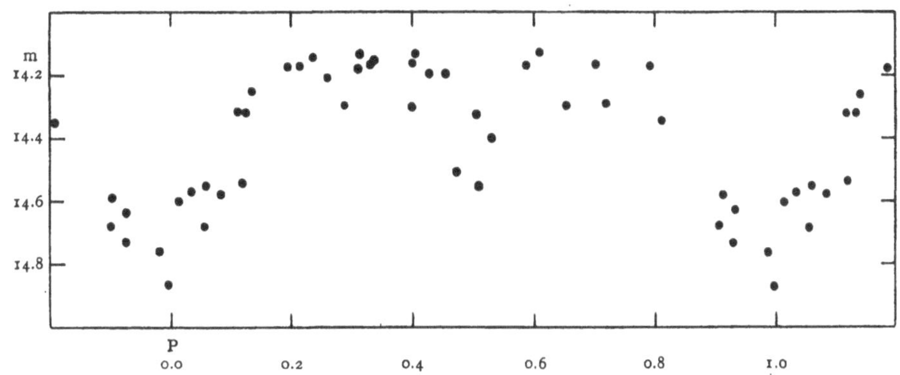

S 4508 Delphini

3005. S 4509 Del W Ursae Majoris-Stern; $14^m_.0$—$14^m_.6$

$m_1 = 242\,9790.448 + 0.6667316 \cdot E$

$A_1 = 0^m_.6$ $A_2 = 0^m_.5$

Min.	E	$B-R$
242 9789.491	− 1.5	+0.043
9790.457	0	+0.009
9791.457	+ 1.5	+0.009
9846.445	+ 84	−0.008

Min.	E	$B-R$
243 0593.567	+1204.5	+0.041
0608.515	1227	−0.013
0612.542	1233	+0.014
0619.532	+1243.5	+0.003

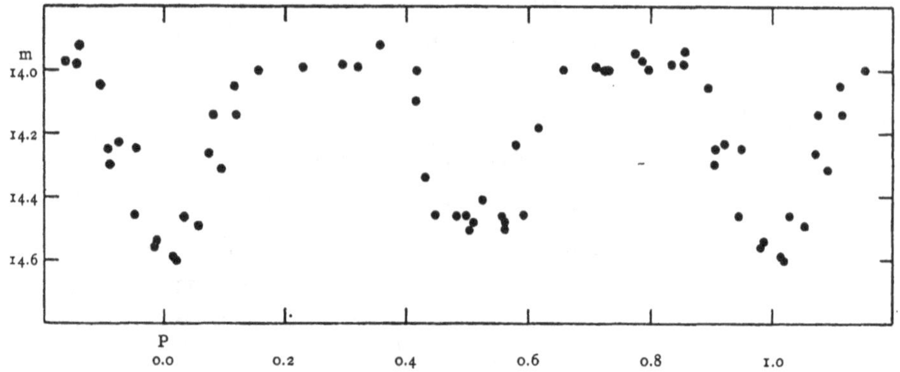

S 4509 Delphini

3006. S 4510 Del RR Lyrae-Stern; $14^{m}.6$—$16^{m}.4$

$M = 242\,9847.415 + 0.477563 \cdot E$

$M-m = 0^{d}.095$ Typus RRa

Max.	E	$B-R$
242 9844.531	− 6	−0.019
9845.502	− 4	−0.003

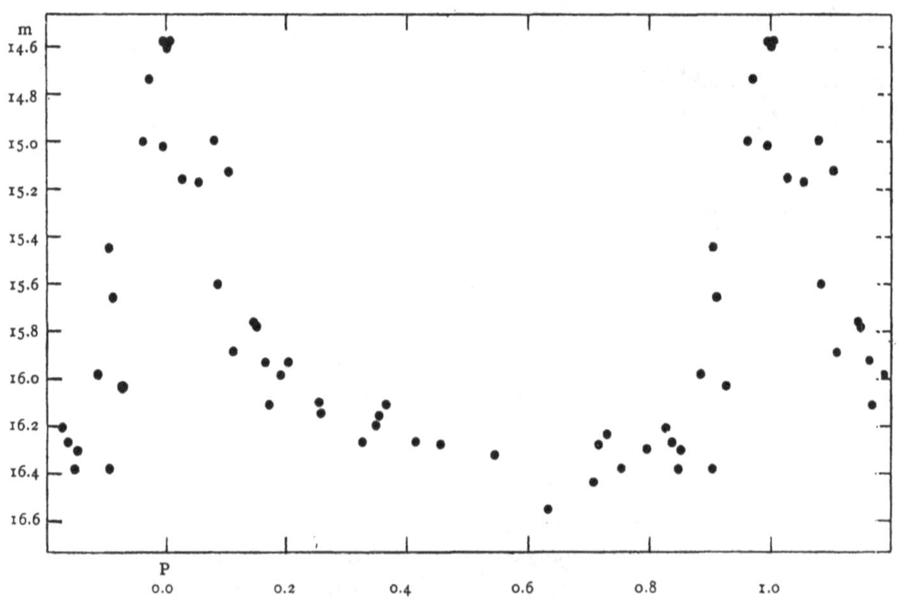

S 4510 Delphini

Max.	E	$B-R$
242 9846.445	− 2	−0.015
9847.415	0	0.000
243 0613.432	+1604	+0.006
0614.377	+1606	−0.004

3007. S 4511 Del RR Lyrae-Stern; $12^m.3$—$13^m.1$

$M = 242\ 9789.512 + 0.797390 \cdot E$

$M-m = ?$ Typus RRb

Max.	E	$B-R$
242 9789.512	0	0.000
9844.531	69	−0.001
243 0608.432	1027	0.000
0612.542	1032	+0.124
0619.532	1041	−0.063

Die angegebenen Elemente wurden aus Schätzungen auf den Reihenaufnahmen des 400 mm-Vierlinsers bestimmt. Die Zwischenzeiten zu den Normalaufnahmen des 170 mm-Triplets sind jedoch so groß, daß eine sichere Überbrückung nicht möglich war.

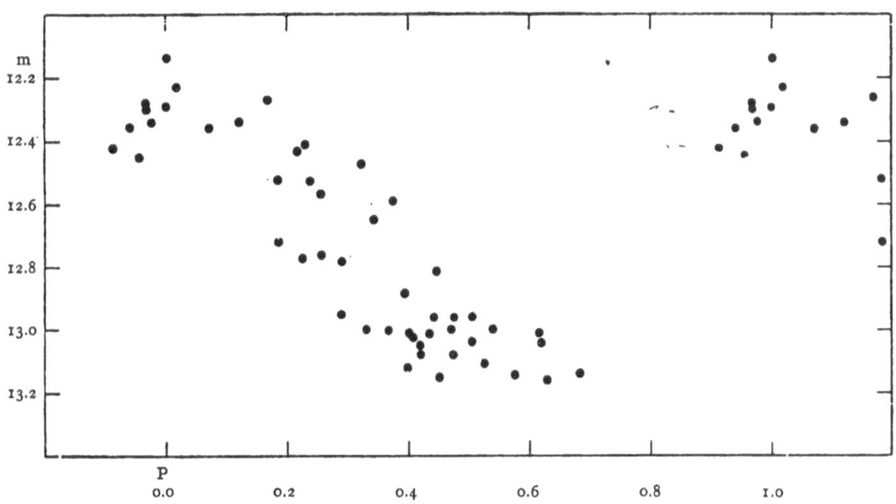

S 4511 Delphini

3008. S 4512 Del Mira-Stern; $14^m.3$—$[16^m.5$

$M = 242\ 5718 + 289.6 \cdot E$

Max.	E	$B-R$
242 5739	0	+21
6265	2	−32
6592	3	+ 5
6893	4	+17

Max.	E	$B-R$
242 8009	8	−26
9789	14	+17
243 0619	17	−22
4714	31	+18
4986	32	+ 1
5276	33	+ 1

Die Maxima konnten nur näherungsweise bestimmt werden, da der Veränderliche auf den 170 mm-Triplet-Platten nicht von seinem Nachbarstern ($15^m.7$) getrennt werden konnte.

3009. **EO Del** RR Lyrae-Stern; $13^m.5$—$14^m.9$

$M = 242\ 9851.404 + 0.580861 \cdot E$

$M-m = 0^d.087$ Typus RRa

Max.	E	$B-R$
242 9790.42*	−105	+0.01
9791.55*	103	−0.03
9845.60*	− 10	0.00
9851.404	0	0.000
243 0612.368	+1310	+0.036
0613.49*	+1312	0.00

* Normalmaxima.

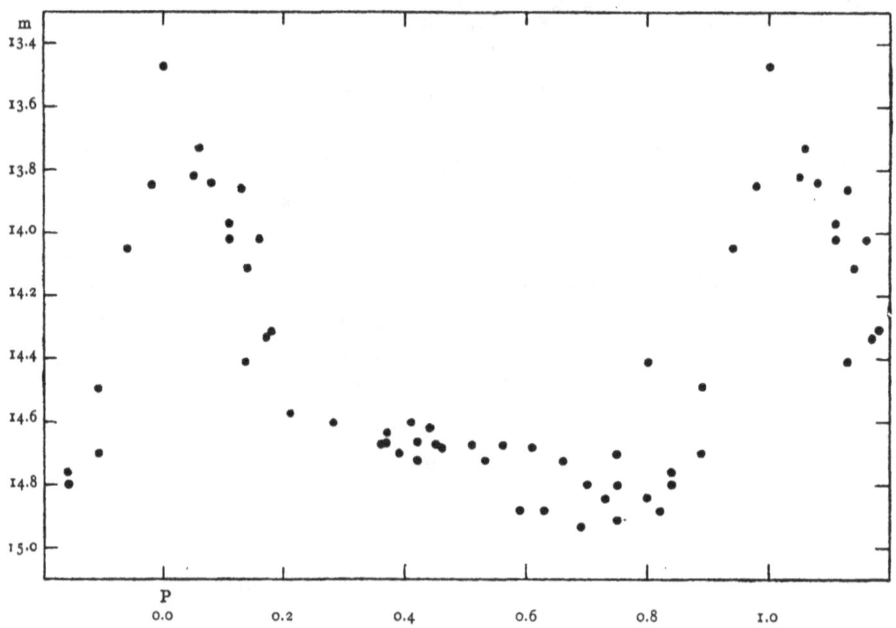

EO Delphini

3010. **EQ Del** Algol-Stern; $13^m.0$—$14^m.3$

$m = 242\,7596.516 + 2.248025 \cdot E$

$D = 7^h.1$ $d = 0^h.0$

Min.	*E*	*B–R*
242 6119.513	–657	–0.051
6209.395	–617	–0.090
7596.516	0	0.000
7632.500	+ 16	+0.016
9844.504	1000	–0.037
243 0613.348	1342	–0.018
3205.315	2495	–0.023
4709.269	3164	+0.002
4718.253	3168	–0.006
5372.482	+3459	+0.048

Zur Darstellung der Lichtkurve wurden die Beobachtungen auf den orthochromatischen Kranz-Ultra-Platten des 170 mm-Triplets benutzt.

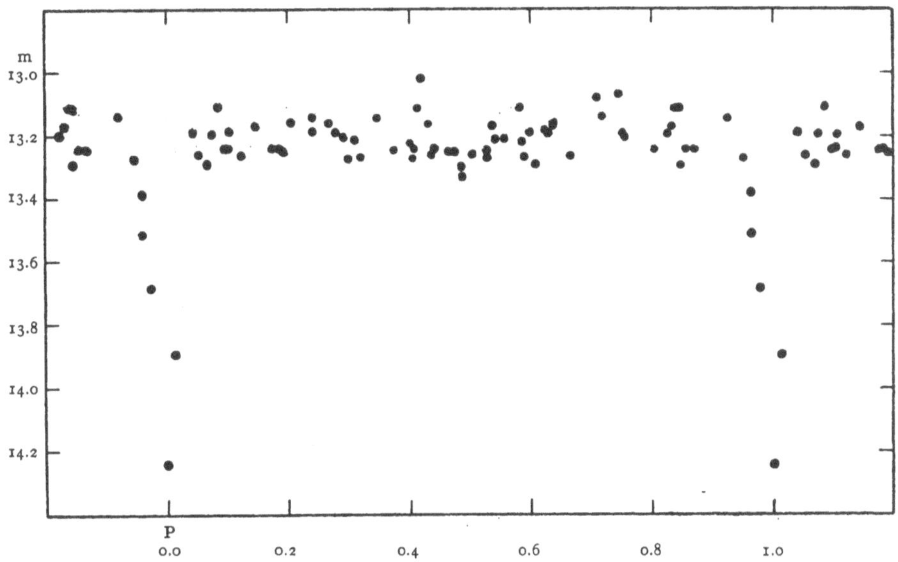

EQ Delphini

3011. **EP Del** Mira-Stern; $12^m.0$—[$14^m.0$

Dieser Veränderliche wurde zuerst von Morgenroth auf Platten des 140 mm-Triplets entdeckt (AN **250**.77; 1933). Sandig beobachtete den Stern auf Überwachungsplatten und gibt die folgenden Elemente an (AN **278**.183; 1950):

$$M = 242\,6208 + 423 \cdot E$$

Auf den Sonneberger 140 mm-Triplet-Platten wurden drei weitere Maxima gefunden, deren Darstellung mit den verbesserten Elementen

$$M = 242\,6181 + 430.5 \cdot E$$

folgende Abweichungen ergibt:

Max.	E	B–R	Beobachter
242 6195	0	+14	Morgenroth, Huth
6600	1	–12	Morgenroth, Huth
7450	3	–22	Sandig
7960	4	+57	Huth
8330	5	– 4	Sandig
9160	7	–34	Sandig
243 3470	17	–30	Huth
5250	21	+28	Huth

3012. S 4515 Del RR Lyrae-Stern; $15^m_.4$—$15^m_.8$

$M = 242\,9846.417 + 0.366238 \cdot E$

$M{-}m = 0^d_.073$ Typus RRb

Max.	E	B–R
242 9846.417	0	0.000
243 0593.524	2040	–0.018
0606.343	2075	–0.018
0614.419	2097	+0.001

Die stärkere Streuung der in der Lichtkurve dargestellten Beobachtungen ist im wesentlichen durch die Schwäche des Sterns verursacht.

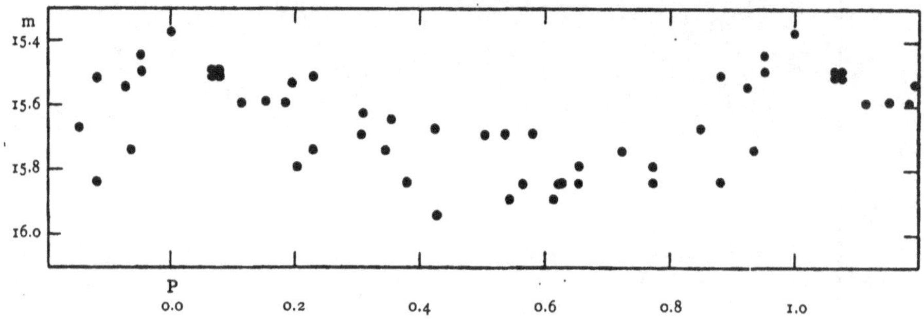

S 4515 Delphini

3013. S 4516 Del Algol-Stern; $13^m_.8$—$14^m_.6$

$m = 242\,5535.406 + 1.195410 \cdot E$

$D = 4^h_.3 \qquad d = 0^h_.0$

Min.	E	B–R
242 5535.408	0	+0.002
5853.373	266	–0.012
5938.250	337	–0.009
7394.287	1555	+0.018
243 0606.343	4242	+0.008
0613.516	4248	+0.008
4987.494	7907	–0.019

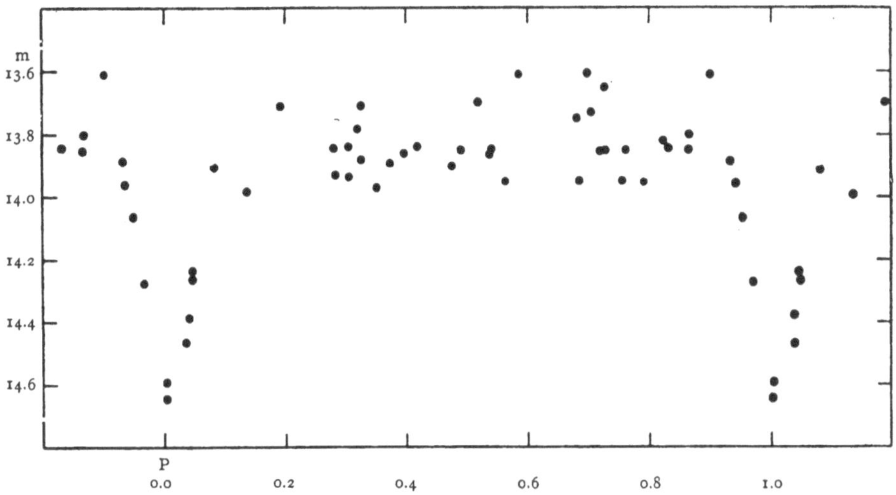

S 4516 Delphini

3014. **S 4517 Del** RR Lyrae-Stern; $13^m.9—14^m.4$

$M = 243\,0613.445 + 0.300656 \cdot E$

$M—m = 0^d.075$ Typus RRb

Max.	*E*	*B–R*
242 9791.429	−2734	−0.022
9845.558	2554	−0.012
9846.501	2551	−0.029
9847.415	2548	+0.041
243 0593.567	66	−0.035
0607.471	20	+0.039
0608.391	17	+0.057
0612.542	− 3	−0.001
0613.475	0	+0.030
0614.377	+ 3	+0.030
0619.532	+20	−0.074

Die Größe der *B–R*-Werte erklärt sich aus der Form der Lichtkurve.

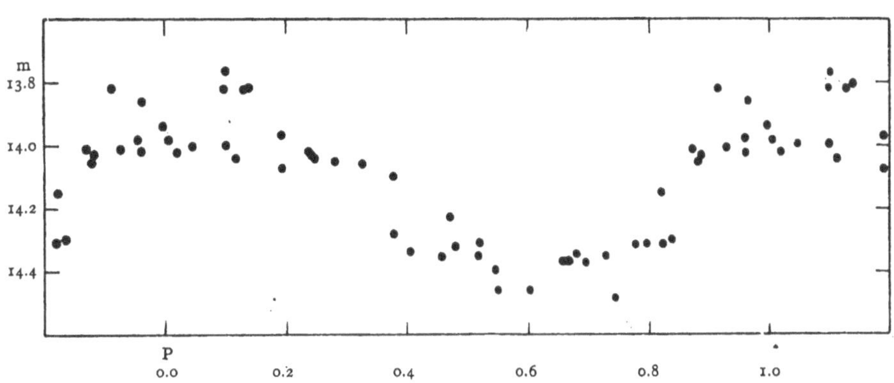

S 4517 Delphini

3015. ES Del Mira-Stern; $10^m.6$—$16^m.5$

$M = 242\,7954 + 373.9 \cdot E$

Max.	E	B–R
242 7927	0	–27
9850	5	+26
243 2797	13	–18
3205	14	+16

Obwohl von diesem Stern kein Maximum vollständig beobachtet werden konnte, sind doch die gegebenen Elemente mit großer Wahrscheinlichkeit richtig, da keine Widersprüche auftreten. Auch eine Halbierung der Periode ist nicht möglich.

3016. S 4519 Del RR Lyrae-Stern; $14^m.1$—$15^m.3$

$M = 242\,9844.531 + 0.576605 \cdot E$

$M–m = 0^d.058$ Typus RRa

Max.	E	B–R
242 9791.485	–92	+0.002
9844.531	0	0.000
9847.415	+5	+0.001
243 0593.567	1299	+0.026
0608.515	+1325	–0.018

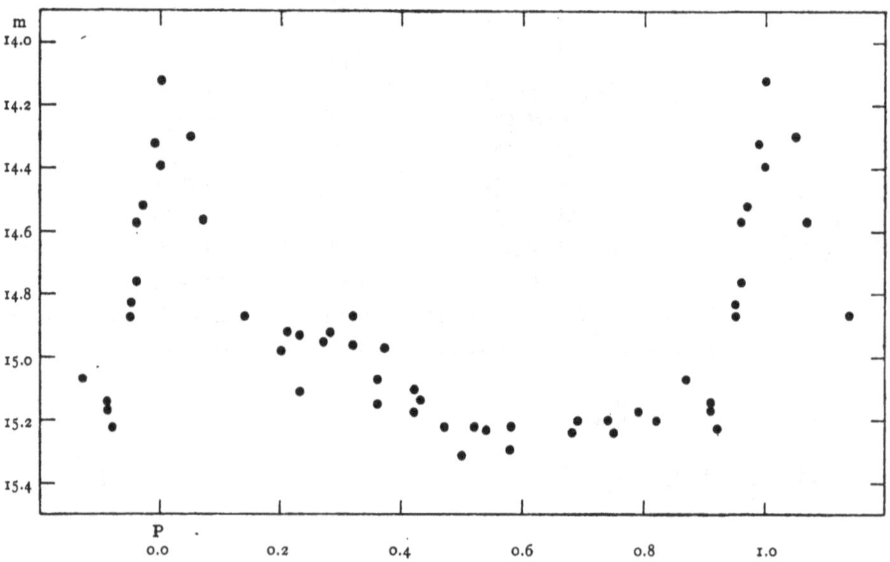

S 4519 Delphini

3017. S 4520 Del W Ursae Majoris-Stern; $15^m.05$—$15^m.35$

$m_1 = 242\,9846.473 + 0.3497476 \cdot E$

$A_1 = 0^m.3$ $A_2 = 0^m.25$

Min.	E	$B-R$
242 9844.531	−5.5	−0.018
9845.558	−2.5	−0.041
9846.473	0	0.000
243 0593.550*	+2136	+0.016
0608.391	2178.5	−0.007
0613.475	2193	+0.006
0614.355*	2195.5	+0.011
0614.525*	2196	+0.006
0619.409	+2210	−0.006

* Normalminima.

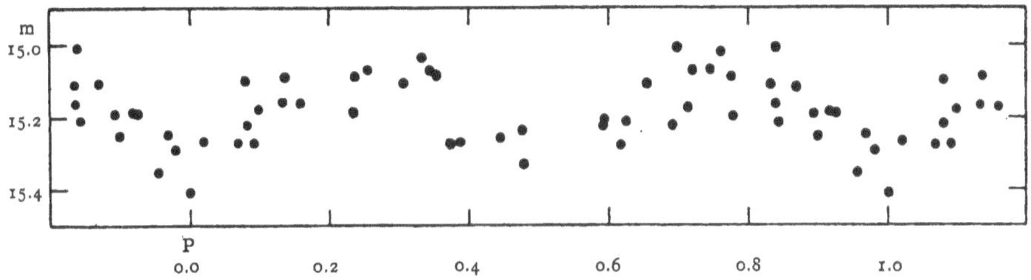

S 4520 Delphini

3018. S 4521 Del RR Lyrae-Stern; $14^m_.2$—$15^m_.5$

$M = 242\,9846.520 + 0.546459 \cdot E$

$M-m = 0^d_.05$ Typus RRa

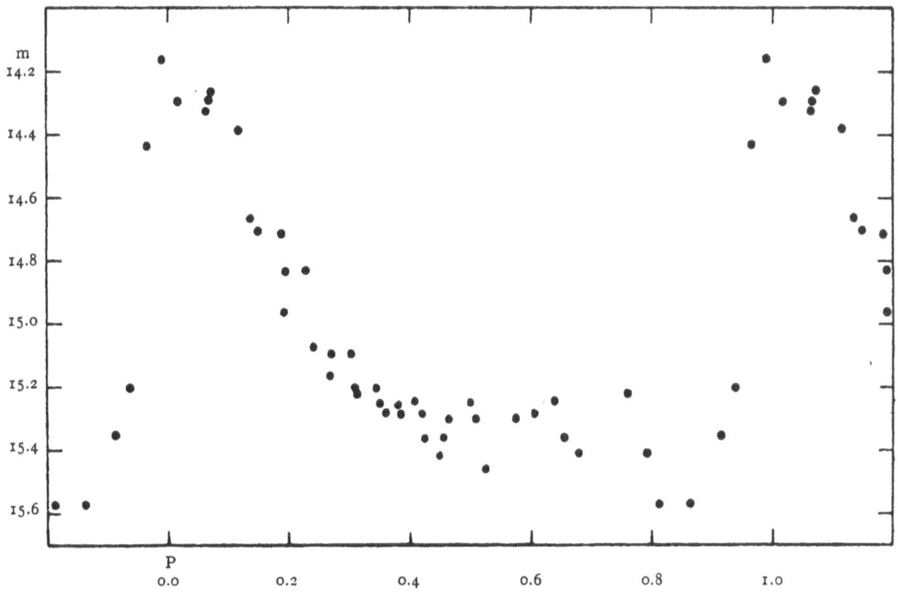

S 4521 Delphini

Max.	E	$B–R$
242 9846.529	0	+0.009
243 0593.524	1367	−0.005
0608.348	1394	+0.064
0614.335	1405	+0.040

3019. S 4522 Del RR Lyrae-Stern; $14^m.5—15^m.4$

$M = 242\ 9790.513 + 0.367834 \cdot E$

$M-m = 0^d.084$ Typus RRb

Max.	E	$B–R$
242 9790.513	0	0.000
9846.417	152	−0.007
243 0593.524	2183	+0.029
0606.348	2218	−0.021
0607.471	2221	−0.001
0613.348	2237	−0.010
0614.460	2240	−0.001

Auffällig bei diesem Stern ist die starke Streuung der Maximalhelligkeiten, die sich aber erklären läßt durch die Annahme, daß es sich dabei um das Auftreten des Blazko-Effektes handelt.

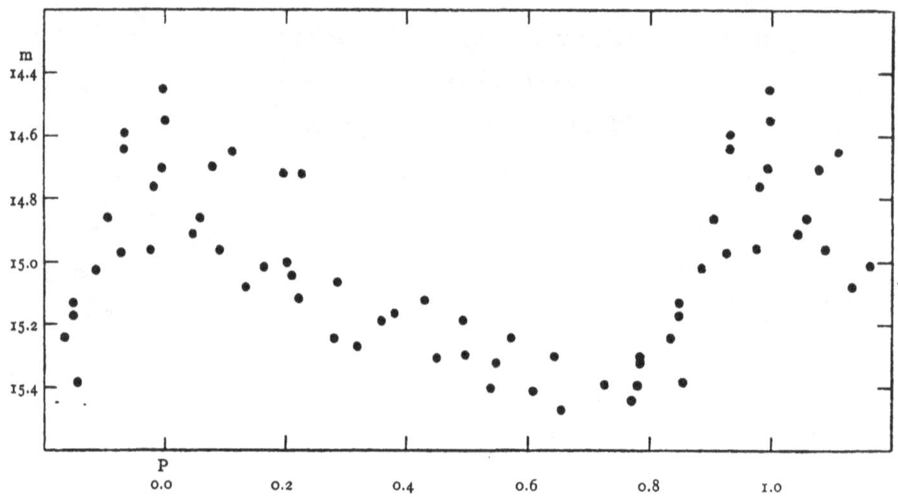

S 4522 Delphini

3020. EM Del RR Lyrae-Stern; $13^m.7—14^m.8$

$M = 242\ 9844.504 + 0.578208 \cdot E$

$M-m = 0^d.058$ Typus RRa

Max.	E	$B–R$
242 9844.504	0	0.000
9847.415	5	+0.020

Max.	E	B–R
243 0608.348	1321	+0.031
0612.368	1328	+0.004
0613.516	1330	−0.005
0619.32*	1340	+0.017

* Normalmaximum.

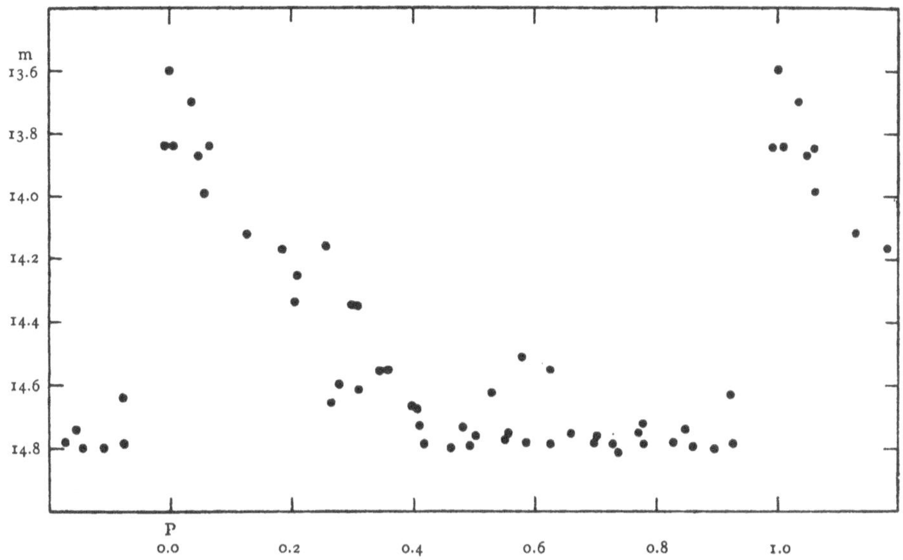

EM Delphini

Feld 62 Aquilae

Zusätzliche Sterne aus Platten des Astrographen 400/1600 mm

H. Huth

3021. **S 4440 Aql** Langperiodisch?; $14^m.6$—$15^m.5$

Der Stern steht außerhalb der Triplet-Platten und konnte nur auf 30 Reihenplatten des 400 mm-Vierlinsers beobachtet werden.

3022. **S 4441 Aql** W Ursae Majoris-Stern; $15^m.4$—$15^m.8$

$m_1 = 243\,0931.38 + 0.419508 \cdot E$

$A_1 = A_2 = 0^m.4$

Min.	E	B–R
242 9158.338	−4226.5	+0.009
243 0234.373	1661.5	+0.006
0903.471	−66.5	−0.012
0931.38*	0	0.000
0932.44*	+2.5	+0.01

Min.	E	B–R
243 0933.49*	+5	+0.01
0936.43*	12	+0.02
0937.494	14.5	+0.031
1673.50*	+1769	+0.01

* Normalminima.

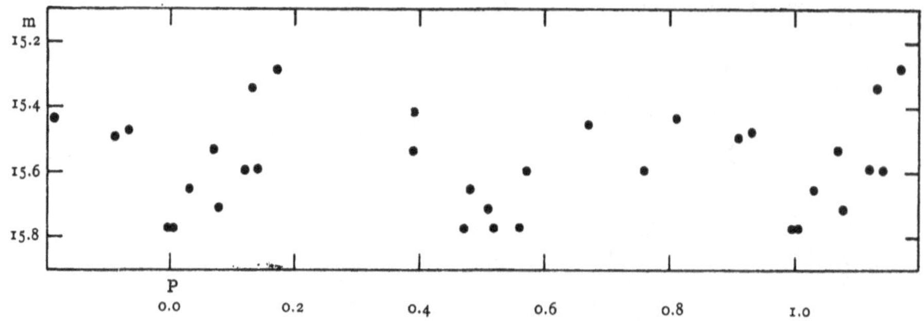

S 4441 Aquilae

3023. **S 4442 Aql** RR Lyrae-Stern; $14^{m}.5—15^{m}.6$

$M = 242\,9110.464 + 0.488852 \cdot E$

$M-m = 0^{d}.09$: Typus RRa

Max.	E	B–R
242 9110.462	0	−0.002
9158.338	98	−0.033
243 0232.383	2295	+0.004
0908.474	3678	+0.012

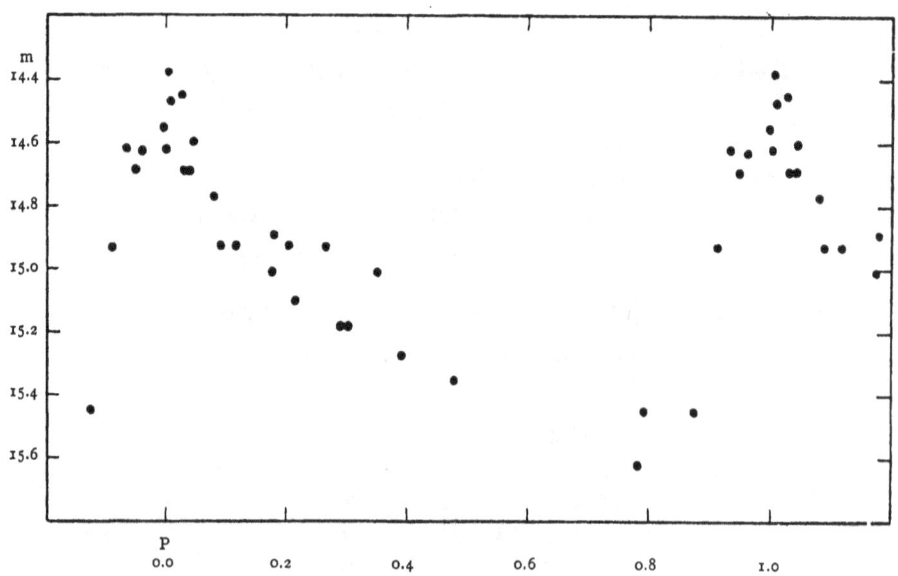

S 4442 Aquilae

Max.	E	$B-R$
243 0930.460	3723	0.000
0931.412	3725	−0.026
0932.417	3727	+0.002
0933.408	3729	+0.015
1673.537	5243	+0.022

3024. **S 4443 Aql** Langperiodisch ?; $15^m_.0$—$16^m_.1$

Der Stern ist sehr randnah und konnte nur auf 30 Platten des 400 mm-Vierlinsers geschätzt werden. Diese wenigen Beobachtungen lassen jedoch keine andere Aussage zu, als daß der Stern langsam veränderlich ist

3025. **S 4444 Aql** Mira-Stern; $12^m_.0$—[$16^m_.5$

$M = 242\,8110 + 316.7 \cdot E$

Max.	E	$B-R$
242 8090	0	−20
8420	1	− 7
8750	2	+ 7
9055	3	− 5
243 0305	7	−22
0950	9	−10
3200	16	+23
3530	17	+36

3026. **V 831 Aql** RR Lyrae-Stern; $15^m_.7$—$16^m_.5$

Von diesem Stern konnten außer Beobachtungen, die ihn im schwachen Licht zeigen nur zwei Aufstiege erhalten werden, die jedoch 742 Tage auseinander liegen, so daß es nicht möglich war, eine Periode abzuleiten. Die in der Entdeckungsanzeige gemachte Voraussage, daß es sich hier um einen RR Lyrae-Stern vom Untertypus a handelt, wird durch die Beobachtungen bestätigt.

3027. **V 832 Aql** RR Lyrae-Stern; $15^m_.0$—$15^m_.9$

$M = 243\,0908.474 + 0.343437 \cdot E$

$M-m = 0^d_.04$ Typus RRa

Max.	E	$B-R$
242 9158.338	−5096	+0.019
243 0908.474	0	0.000
0930.460	+64	+0.006

Von diesem Stern wurden drei Maxima beobachtet. Die Periode konnte nur dadurch ermittelt werden, daß verhältnismäßig dichte Reihenbeobachtungen zur Verfügung standen. Die Elemente sind aber dennoch sehr unsicher.

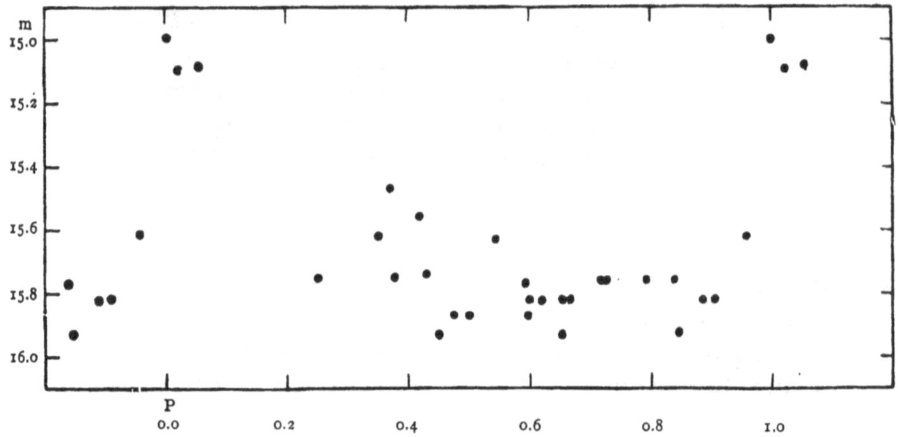

V 832 Aquilae

3028. S 4447 Aql RR Lyrae-Stern; $15^{m}.8$—$16^{m}.2$

$m = 242\,9110.457 + 0.1937793 \cdot E$

$M-m = 0^{d}.05$ Typus RRb

Min.	E	$B-R$
242 9110.462	0	+0.005
243 0234.373	5800	−0.004
0931.412	9397	+0.011
0933.515	9408	−0.018
1671.452	13216	+0.008

Der Stern war wegen seiner geringen Helligkeit und seiner großen Randnähe schwierig zu beobachten. Da auf den Reihenaufnahmen die Minima besser definiert sind als die Maxima, wurde der Stern erst den Bedeckungsveränderlichen zugerechnet. Beim Auftragen der Beobachtungen zeigte sich jedoch, daß der Aufstieg rascher verlief als der Abstieg.

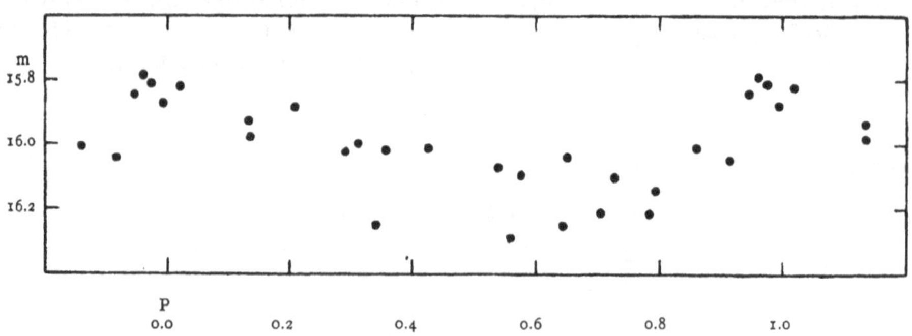

S 4447 Aquilae

3029. S 4448 Aql Langperiodisch?; $15^{m}.8$—$16^{m}.3$

Bei diesem Stern liegt zweifellos langsamer Lichtwechsel vor. Das Beobachtungsmaterial reicht jedoch nicht aus, um die Art näher zu bestimmen.

3030. **S 4449 Aql** RR Lyrae-Stern; $12^{\mathrm{m}}65$—$13^{\mathrm{m}}15$

$M = 243\,0931.435 + 0.265108 \cdot E$

$M - m = 0^{\mathrm{d}}09$ Typus RRb

Max.	E	$B-R$
243 0232.383	−2637	+0.038
0931.454	0	+0.019
0932.501	+4	+0.006
0933.534	8	−0.022
0936.455	19	−0.017
0937.536	23	+0.004
1673.453	+2799	−0.019

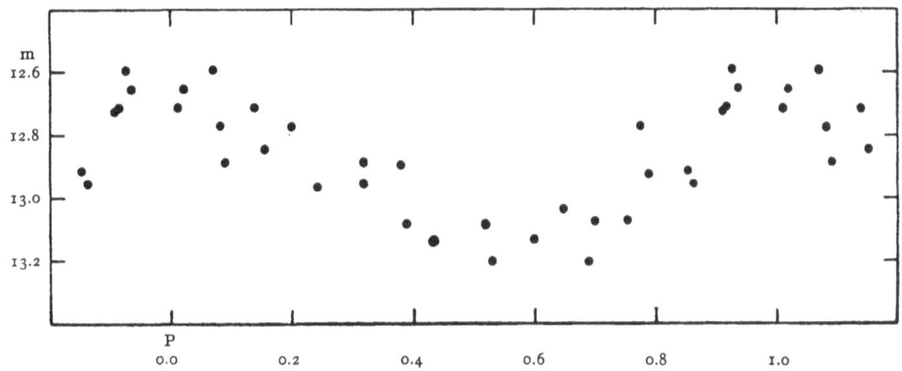

S 4449 Aquilae

3031. **S 4450 Aql** Kurzperiodisch; $16^{\mathrm{m}}0$—$16^{\mathrm{m}}8$

Der Veränderliche war infolge seiner Lichtschwäche nur auf wenigen Platten sichtbar. Es können daher keine Aussagen über die Art des Lichtwechsels gemacht werden.

3032. **V 833 Aql** Langperiodisch?; 15^{m}—[$16^{\mathrm{m}}5$

Der Veränderliche steht in der Nähe eines hellen Sternes, so daß er auf den Platten des 140 mm-Triplets nicht von diesem getrennt werden konnte. Auf den 30 Platten des 400 mm-Vierlinsers wurde der Stern nur einmal hell gesehen (243 1671).

3033. **S 4452 Aql** RR Lyrae-Stern; $14^{\mathrm{m}}4$—$15^{\mathrm{m}}2$

$M = 243\,0931.412 + 0.443063 \cdot E$

$M - m = 0^{\mathrm{d}}089$ Typus RRa

Max.	E	$B-R$
242 7312.472	−8168	−0.001
7332.355	8123	−0.056
7340.354	8105	−0.032
7996.519	6624	−0.044
8752.453	−4918	+0.025

Max.	E	B–R
242 9571.259	−3070	+0.051
9846.411	2449	+0.060
9877.366	2379	+0.001
243 0903.471	− 63	−0.028
0931.412	0	0.000
1673.537	+1675	−0.006

Der Gang in den *B–R*-Werten ist sicher zufällig, da die Durchrechnung mit anderen Periodenwerten auch keine bessere Darstellung ergab.

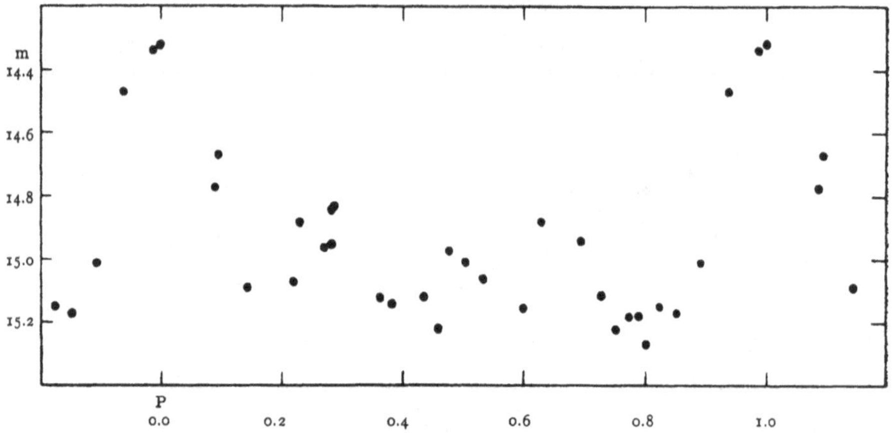

S 4452 Aquilae

3034. S 4453 Aql Algol-Stern; 16ᵐ1—16ᵐ9

$m = 243\,0903.468 + 0.7563 \cdot E$

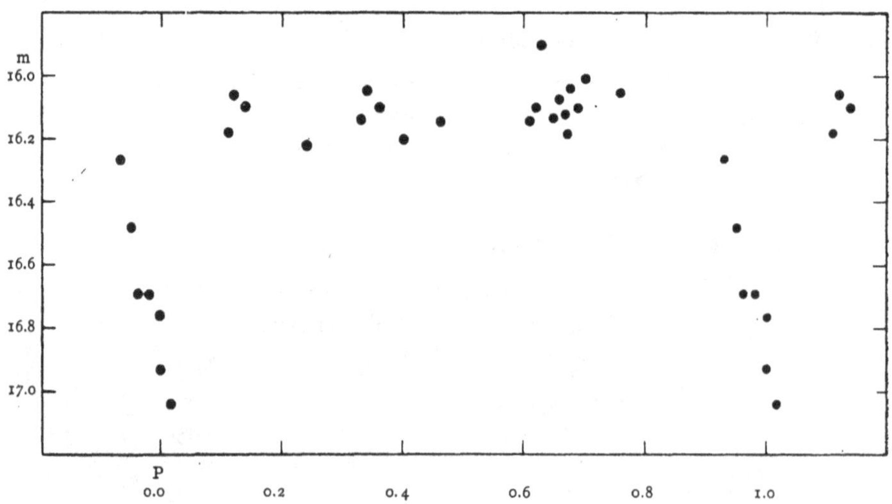

S 4453 Aquilae

Min.	E	B–R
243 0903.471	0	+0.003
0931.454	37	+0.003
0937.494	45	−0.007

Obwohl sich alle Beobachtungen durch die angegebenen Elemente ohne Widersprüche darstellen lassen, kann die Periode infolge der geringen Anzahl von beobachteten Minima nicht verbürgt werden.

3035. S 4454 **Aql** Kurzperiodisch; $15^{m}_{.}0$—$15^{m}_{.}5$

Bei diesem Stern sind die Beobachtungen so ungünstig verteilt, daß es nicht möglich war, eine Periode zu finden, die allen Schätzungen gerecht geworden wäre.

3036. S 4455 **Aql** Unregelmäßig; $13^{m}_{.}0$—$13^{m}_{.}8$

Der Lichtwechsel weist lange Wellen, die sich meistens zu Stillständen abflachen, und nirgends raschere Änderungen auf. Besonders auf den Platten des 170 mm-Triplets ist der Veränderliche sehr träge; die Amplitude beträgt hier nur noch $0^{m}_{.}4$. Über die Farbe des Sterns läßt sich nichts ermitteln.

3037. S 4456 **Aql** Unbekannt; $15^{m}_{.}8$—$16^{m}_{.}5$

Infolge der Lichtschwäche des Veränderlichen kann über die Art des Lichtwechsels nichts ausgesagt werden.

3038. S 4457 **Aql** Langperiodisch; $13^{m}_{.}5$—$16^{m}_{.}6$

Das Beobachtungsmaterial ist dürftig, da es nur auf den Schätzungen der Vierlinser-Platten beruht. Zwei gut mit Beobachtungen belegte Abstiege lassen jedoch erkennen, daß die Periode einen Wert von etwa 100^{d} besitzt. Auf den Platten des 140 mm-Triplets wurde am Ort des Veränderlichen nie eine merkliche Schwärzung beobachtet, was aber auch darauf zurückzuführen sein dürfte, daß er hier in einer Gegend starker Verzeichnung der Sternscheibchen steht.

3039. S 4458 **Aql** RR Lyrae-Stern; $14^{m}_{.}6$—$16^{m}_{.}0$

$M = 243\,0937.53 + 0.874 \cdot E$

$M-m = ?$ Typus RRa

Max.	E	B–R
243 0930.46	− 8	−0.08
0931.41	− 7	0.00
0937.53	0	0.00
1673.45	+842	+0.01

Infolge ungünstiger Verteilung der Beobachtungen konnte die Periode nur ungenau bestimmt werden.

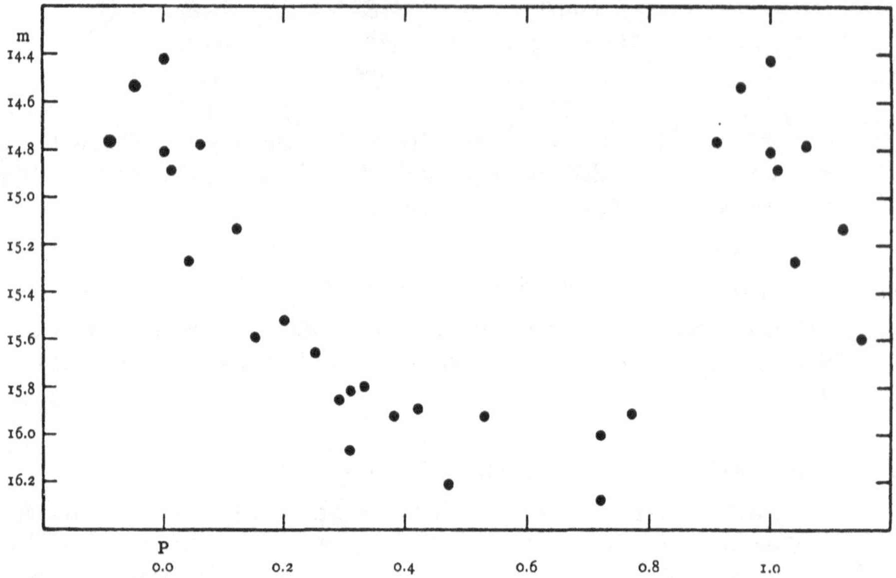

S 4458 Aquilae

3040. **S 4459 Aql** Mira-Stern; $13^{m}_{.}1$—[$16^{m}_{.}5$

$M = 242\,8453 + 312 \cdot E$

Max.	E	$B-R$
242 8425	0	−28
8770	1	+ 5
9095	2	+18
9400	3	+11
243 0315	6	−10
0945	8	− 4
3140	15	+ 7
3450	16	+ 5

3041. **S 4460 Aql** UV Bootis-Stern; $11^{m}_{.}1$—$12^{m}_{.}8$

Der Lichtwechsel des Sternes ist gekennzeichnet durch langsame Wellen unterschiedlicher Amplitude, die zu Stillständen bis 100 Tagen Dauer abflachen können. Mitunter werden auch sprunghafte Änderungen beobachtet, so ein Aufstieg bei 242 9150 von $12^{m}_{.}3$ bis $11^{m}_{.}1$ in 20^{d}. Kranz-I-Platten zeigen den Veränderlichen in derselben Helligkeit wie die Kranz-Ultra-Platten, nur auf einer Agfa-Spektral-Blau-Ultrarapid-Platte ist er um 1^{m} heller.

3042. **S 4461 Aql** RR Lyrae-Stern; $15^{m}_{.}9$—$16^{m}_{.}5$

$M = 243\,0930.42 + 0.35366 \cdot E$

$M{-}m = 0^{d}_{.}07$ Typus RRb

Max.	E	$B-R$
242 9110.462	−5146	−0.024
243 0234.373	−1968	−0.044

Max.	E	B–B
243 0930.460	0	+0.040
0931.454	+ 3	−0.027
0932.501	6	−0.041
0936.455	17	+0.023
1671.452	2095	+0.114
1673.49*	+2101	+0.03

* Normalmaximum.

Die Größe der B–R-Werte erklärt sich aus der Form der Lichtkurve.

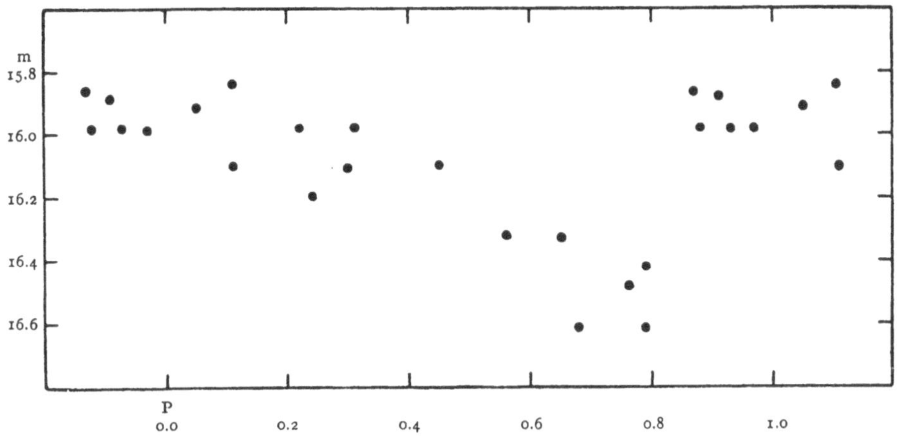

S 4461 Aquilae

3043. **V 834 Aql** Langperiodisch; $14^{m}.5$—[$16^{m}.5$

Der Stern liegt außerhalb des eigentlichen Feldes und kann daher nur auf den Vierlinser-Platten beobachtet werden. Diese lassen jedoch keine andere Aussage zu, als daß der Lichtwechsel langperiodisch ist.

3044. **V 835 Aql** Mira-Stern?; $13^{m}.8$—[$16^{m}.5$

Dieser Stern ist sehr randnah und konnte daher nur auf den 30 Reihenplatten des 400 mm-Vierlinsers geschätzt werden. Beobachtungen bei 243 1671 zeigen den Veränderlichen im hellen Licht.

3045. **S 4464 Aql** RR Lyrae-Stern; $14^{m}.4$—$15^{m}.2$

$M = 243\ 0936.43 + 0.620067 \cdot E$

$M - m = 0^{d}.062$ Typus RRa

Max.	E	B–R
242 8395.404:	−4098	−0.009
9846.411	1758	+0.059
243 0931.454	− 8	−0.015
0936.43*	0	0.000
1672.406	+1187	−0.044

* Normalmaximum.

Infolge der geringen Anzahl von Beobachtungen und der großen Zwischenzeiten konnten die Elemente nur sehr unsicher bestimmt werden.

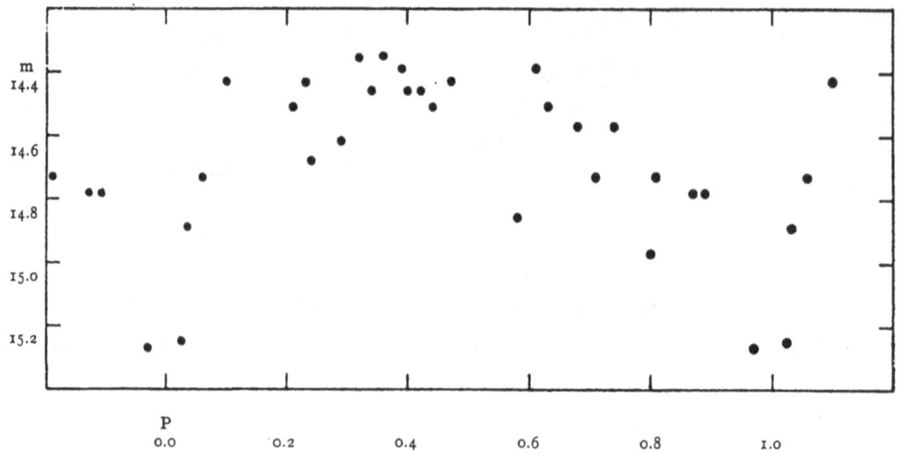

S 4464 Aquilae

3046. S 4465 Aql RR Lyrae-Stern; $15^{m}\!.0$—$16^{m}\!.1$

$M = 243\ 1671.457 + 0.435006 \cdot E$

$M{-}m = 0^{d}\!.06$ Typus RRb

Max.	E	$B{-}R$
242 7298.395	−10053	+0.053
7332.355	9975	+0.083
7996.519	8448	−0.007
8023.439	8386	−0.058
8074.319	8269	−0.073
8367.520	7595	−0.066
8784.357	6637	+0.035
243 0932.415	1699	+0.033
1671.452	0	−0.005

Zur Darstellung der mittleren Lichtkurve wurden nur die Beobachtungen auf den Reihenaufnahmen des 400 mm-Vierlinsers benutzt.

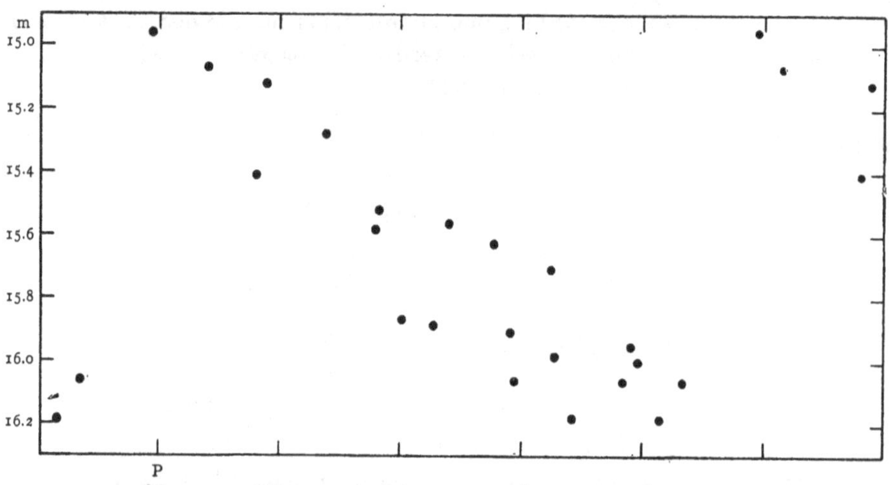

S 4465 Aquilae

3047. **S 4466 Aql** Langperiodisch?; $14^{m}_{.}8$—[$16^{m}_{.}5$

Der Veränderliche wurde auf den 30 Vierlinser-Platten nur einmal im Maximum beobachtet.

3048. **V 836 Aql** Algol-ähnlich; $13^{m}_{.}8$—$14^{m}_{.}7$

Von diesem Stern wurden auf den Reihen-Platten des 400 mm-Vierlinsers nur ein sicheres Minimum bei 243 1673.453 mit $14^{m}_{.}7$ und zwei weniger tiefe Schwächungen bei 243 0937.494 mit $14^{m}_{.}4$ und 1672.406 mit $14^{m}_{.}3$ beobachtet. Das Normallicht liegt bei $14^{m}_{.}1$. Die als erste Differenz auftretende Zwischenzeit von $1^{d}_{.}05$ zeigt den Veränderlichen andrerseits vor einer Schwächung im hellen Licht. Da auch das Normallicht nicht streng eingehalten wird — es kommen Erhellungen um $0^{m}_{.}3$ vor — scheint hier kein typischer Bedeckungslichtwechsel vorzuliegen. Auf den Platten des 170 mm-Triplets schwankt die Helligkeit des Veränderlichen so stark, daß überhaupt keine ausgesprochenen Schwächungen erkennbar sind.

3049. **S 4468 Aql** RR Lyrae-Stern; $14^{m}_{.}9$—$15^{m}_{.}7$

$M = 243\,0932.417 + 0.477799 \cdot E$

$M-m = 0^{d}_{.}072$ Typus RRa

Max.	E	$B-R$
242 9158.338	−3713	−0.011
243 0234.373	1461	+0.020
0931.454	− 2	−0.007
0932.417	0	0.000
0933.408	+ 2	+0.035
1673.495	+1551	+0.012

Die verhältnismäßig große Streuung im Minimum wird dadurch verursacht, daß der Veränderliche sehr randnah ist und daher schwierig zu schätzen war.

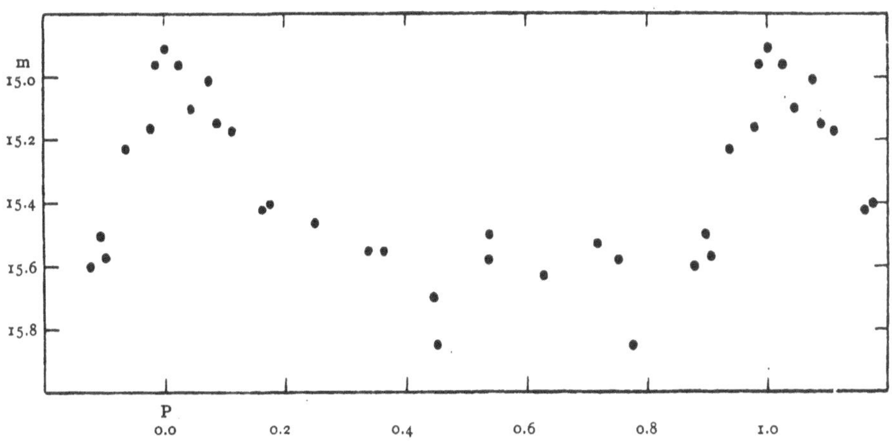

S 4468 Aquilae

3050. S 4469 Aql W Ursae Maioris-Stern; $15^m.3$—$15^m.7$

$m_1 = 243\ 0930.44 + 0.676776 \cdot E$

$A_1 = A_2 = 0^m.4$

Min.	E	$B–R$
243 0234.373	−1028.5	−0.003
0930.440*	0	0.000
0931.454	+ 1.5	−0.001
0932.459	3	−0.011
0933.492	4.5	+0.007
0936.497	9	−0.034
0937.536	10.5	−0.010
1673.537	+1098	−0.003

* Normalminimum.

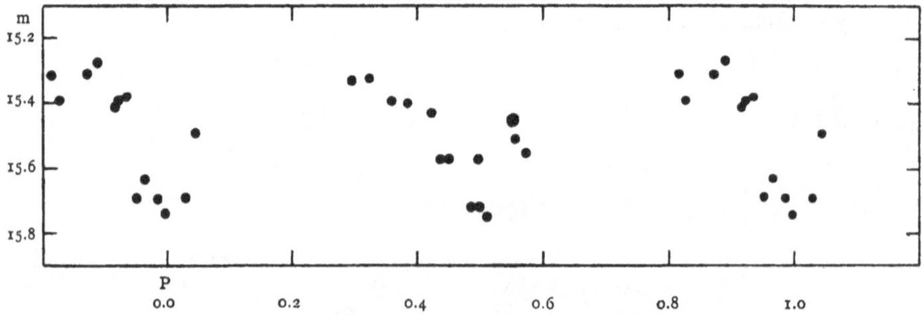

S 4469 Aquilae

3051. S 4470 Aql RR Lyrae-Stern; $15^m.2$—$16^m.0$

$M = 243\ 0932.417 + 0.364756 \cdot E$

$M–m = 0^d.07$ Typus RRa

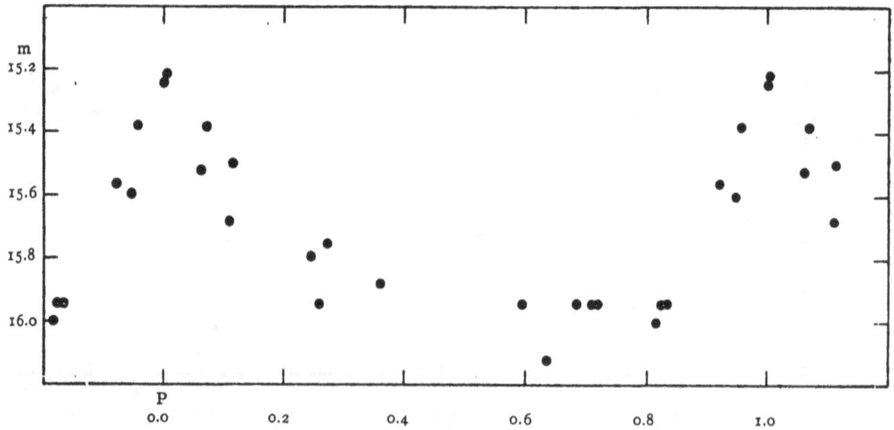

S 4470 Aquilae

Max.	E	$B-R$
242 9110.462	−4995	+0.001
243 0932.417	0	0.000
0936.413	+ 11	−0.016
0936.455	+ 11	+0.026

Infolge der geringen Anzahl von beobachteten Maxima sind die Elemente als unsicher anzusehen.

3052. **S 4471 Aql** RR Lyrae-Stern; $14^m.5$—$15^m.3$

$M = 243\,0937.50 + 0.5756 \cdot E$

$M-m = 0^d.28$ Typus RRc

Max.	E	$B-R$
242 9110.46	−3174	−0.08
9158.34	3091	+0.02
243 0232.38	1225	−0.01
0933.48*	− 7	−0.01
0937.50*	0	0.00
1671.45	+1275	+0.06

* Normalmaxima.

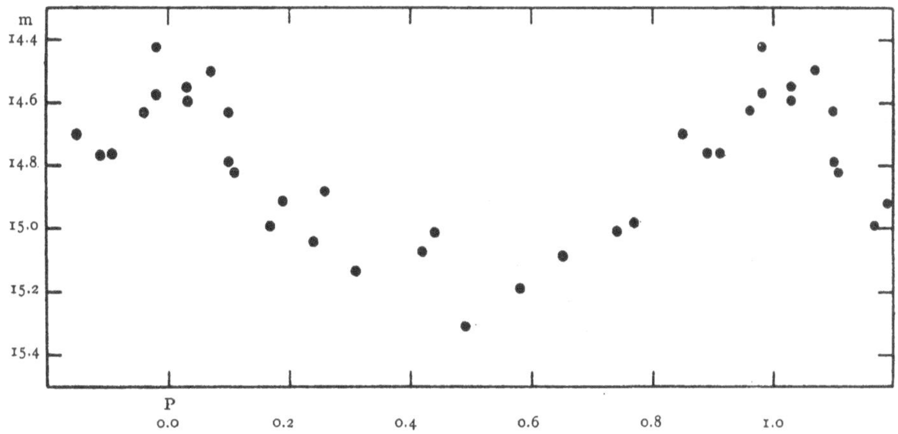

S 4471 Aquilae

3053. **S 4472 Aql** RR Lyrae-Stern; $13^m.5$—$15^m.1$

Bei diesem Stern handelt es sich zweifellos um einen RR Lyrae-Stern vom Typus RRa. Es konnten jedoch nur ein Maximum bei 243 1672.406 und in der darauffolgenden Nacht von 1673.453 an ein Abstieg um $0^m.7$ beobachtet werden. Die auf den übrigen Platten erhaltenen Helligkeiten, die den Veränderlichen ausschließlich schwach zeigen, lassen sowohl eine Halbierung als auch eine Dreiteilung der Zwischenzeit von fast genau 1^d zu, wobei die erste Möglichkeit noch die wahrscheinlichere ist. Versuchsweise wurden nun alle Beobachtungen mit dieser Periode $P = 0^d.4964$ durchgerechnet. Die dabei erhaltene mittlere Lichtkurve ist in der Zeichnung dargestellt.

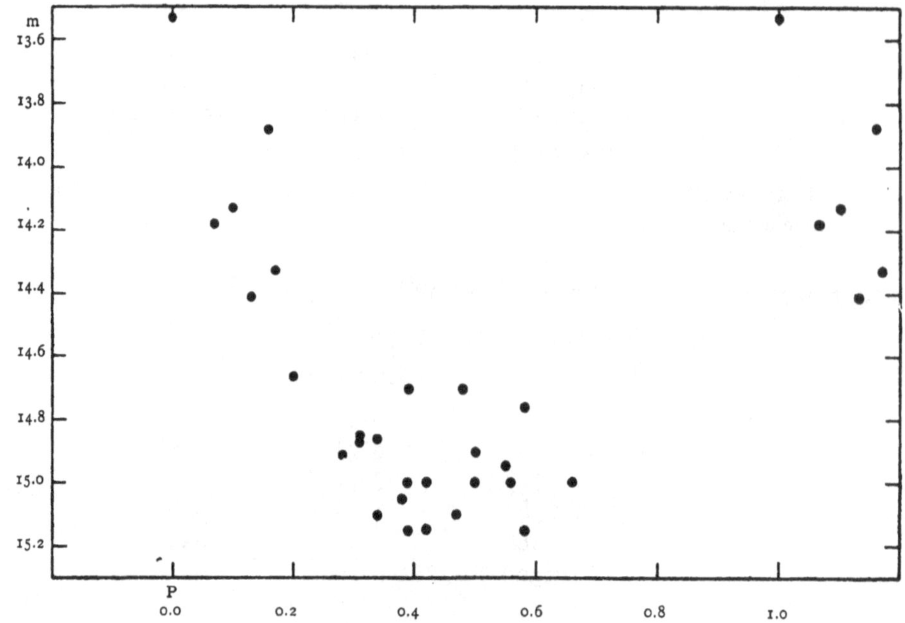

S 4472 Aquilae

3054. **S 4473 Aql** Langperiodisch?; $14^m.6$—$16^m.7$

Infolge der großen Randnähe ist das Beobachtungsmaterial sehr dürftig; es beruht nur auf den Reihenaufnahmen des 400 mm-Vierlinsers. Hell war der Veränderliche 242 9158, schwach 243 0234 und 1673.

3055. **S 4474 Aql** RR Lyrae-Stern; $15^m.6$—$16^m.7$

Von diesem Stern konnte nur ein Maximum beobachtet werden:

243 1673.453	$15^m.8$
1673.495	15.6
1673.537	16.1

Feld 67 Ophiuchi

Zusätzliche Sterne aus Platten des Astrographen 400/1600 mm

W. Götz

Von den in diesem Feld bearbeiteten 60 Sternen zeigen 47% kurzperiodischen Lichtwechsel. Ihre Untersuchung konnte leider größtenteils nur auf den Reihenaufnahmen des 400 mm-Astrographen, die einen relativ kurzen Zeitabschnitt von 40^d überdecken (siehe Übersicht), vorgenommen werden. Die abgeleiteten Elemente bedürfen noch einer Verbesserung, zumal die Platten des 170 mm-Triplets nur bei 7 von 28 Sternen Verwendung finden konnten. Die übrigen Veränderlichen sind zu schwach oder zeigen im Verhältnis zur Belichtungszeit (2^h—3^h) zu raschen Lichtwechsel. 11 Sterne liegen schließlich außerhalb des 170 mm-Triplet-Feldes.

Einige Sterne mit langperiodischem, unregelmäßigem und Algol-Lichtwechsel konnten ebenfalls nur auf den Platten des 400 mm-Astrographen (Vierlinser) beobachtet werden. In diesen Fällen reichte das vorliegende Plattenmaterial kaum aus, die Art des Lichtwechsels zu erkennen.

Die in den Tabellen unter „Instrument" angeführten Abkürzungen A und GA bedeuten 170 mm-Triplet und 400 mm-Astrograph. Fehlt diese Spalte, so handelt es sich nur um Beobachtungen auf Platten des Vierlinsers.

3056. **V 866 Oph** RR Lyrae-Stern; $13^m_.7$—$14^m_.7$

$M = 242\,9787.474 + 0.595964 \cdot E$

$M-m = 0^d_.06$ Typus: RRb

Max.	Gr.	E	$B-R$
242 9787.440	$14^m_.02$	0	−0.034
9787.465	13.73	0	−0.009
9790.423	13.67	5	−0.031
9812.481	14.48	42	−0.023
9812.509	14.12	42	+0.005
9843.470	13.91	94	−0.025
243 1696.345	13.67	3203	−0.002

Der Veränderliche steht am Rand des Feldes des 400 mm-Astrographen, so daß eine Beobachtung auf Platten des 170 mm-Triplets nicht möglich war.

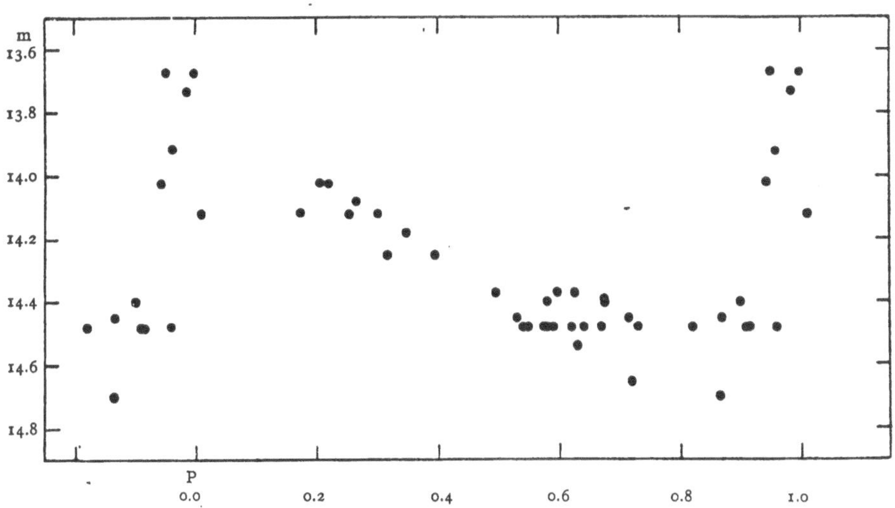

V 866 Ophiuchi = S 4169

3057. **V 867 Oph** Mira-Stern; $13^m_.1$—[$16^m_.5$

Von dem Stern wurde auf den Platten des 400 mm-Astrographen nur ein einziger Aufstieg von $16^m_.5$ auf $13^m_.1$ in der Zeit von 242 9785 bis 9845 beobachtet. Zwei isolierte Beobachtungen bei 242 9110 und 243 1696 zeigen den Veränderlichen schwach mit der Helligkeit $16^m_.3$. Auf den 170 mm-Tripletplatten liegt der Veränderliche außerhalb des Feldes, auf den Himmelsüberwachungsaufnahmen ist er nicht sichtbar.

3058. **S 4171 Oph** Mira-Stern; $13^m_{.}0$—$15^m_{.}0$

Der Veränderliche konnte nur auf den Platten des 400 mm-Astrographen beobachtet werden. Auf den Platten des 170 mm-Triplets liegt er außerhalb des Feldes. Folgende Elemente wurden gefunden:

$$M = 242\,9105 + 144 \cdot E$$

Max.	Gr.	E	B–R
242 9110	$13^m_{.}0$	0	+5
9820	13.2	5	−5
243 1696	13.5	18	−1

Von den Maxima $E = 0$ und $E = 18$ liegt nur je eine Beobachtung vor. Das Maximum $E = 5$ wurde gut durchbeobachtet.

3059. **S 4172 Oph** Algol-Stern; $13^m_{.}5$—$14^m_{.}2$

Der Veränderliche konnte nur auf den Platten des 400 mm-Astrographen beobachtet werden. Dabei wurde ein Abstieg zum Minimum von 242 9812.424 ($13^m_{.}7$) bis 9812.509 ($14^m_{.}2$) festgestellt. Auf allen anderen Sonneberger Platten liegt der Stern außerhalb des Feldes. Eine Bestimmung der Elemente war daher nicht möglich.

3060. **S 4173 Oph** RR Lyrae-Stern; $15^m_{.}0$—$16^m_{.}2$

In 4 aufeinanderfolgenden Nächten konnten 4 Aufstiege zum Maximum mit der Zwischenzeit von $1^d_{.}003$ beobachtet werden. Auch die Beobachtungen im schwachen Licht und im Abstieg zeigen diese Zwischenzeit. Eine genaue Bestimmung der Periode war daher nicht möglich. Es ist sicher, daß $1^d_{.}003$ ein Vielfaches der Periode ist. Nachfolgende Elemente sind mit der Periode 1.003/3 gerechnet.

$$M = 242\,9785.461 + 0.334452 \cdot E$$

$$M{-}m = 0^d_{.}03 \qquad \text{Typus: RRa}$$

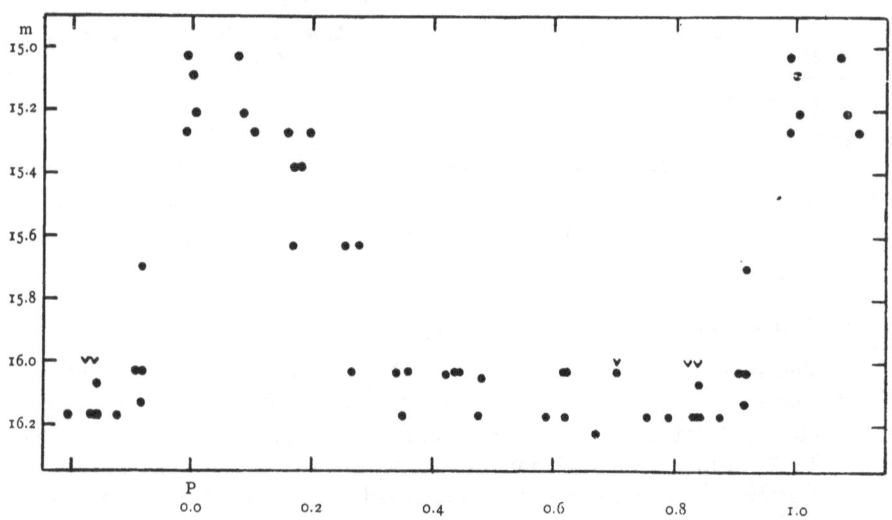

S 4173 Ophiuchi

Max.	Gr.	E	$B-R$	Bemerkung
242 9785.461	$15^m\!.09$	0	0.000	—
9786.461	15.03	3	−0.003	—
9787.465	15.27	6	−0.002	—
9788.472	15.21	9	+0.001	—
9843.386	15.27	173	+0.065	Abstieg
9844.385	15.38	176	+0.060	,,
9845.385	15.38	179	+0.057	,,

3061. **S 4174 Oph** Unregelmäßig; $13^m\!.7$—$14^m\!.2$

Der Veränderliche liegt außerhalb des 170 mm-Triplet-Feldes. Der relativ kurze Kurvenabschnitt von 242 9785 bis 9845, der durch Reihenaufnahmen mit dem 400 mm-Astrographen gewonnen wurde, spricht für langsame Veränderlichkeit. Auf einer panchromatischen Aufnahme ist der Stern $0^m\!.4$ heller als auf den Matterplatten. Bei 243 1696 zeigt der Veränderliche, der vermutlich zur μ Cephei-Art gehört, die Helligkeit $14^m\!.0$.

3062. **V 811 Oph** RR Lyrae-Stern; $14^m\!.4$—$15^m\!.0$

$M = 242\,9785.567 + 0.388610 \cdot E$

$M - m = 0^d\!.06$ Typus: RRb

Max.	Gr.	E	$B-R$
242 9785.517	$14^m\!.73$	0	−0.050
9812.425	14.40	69	+0.044
9843.442	14.54	149	−0.028
9843.470	14.48	149	0.000
9845.385	14.40	154	−0.028
9845.413	14.36	154	0.000
9845.441	14.48	154	+0.028
243 1696.345	14.57	4917	−0.017

Der Stern steht außerhalb des 170 mm-Triplet-Feldes.

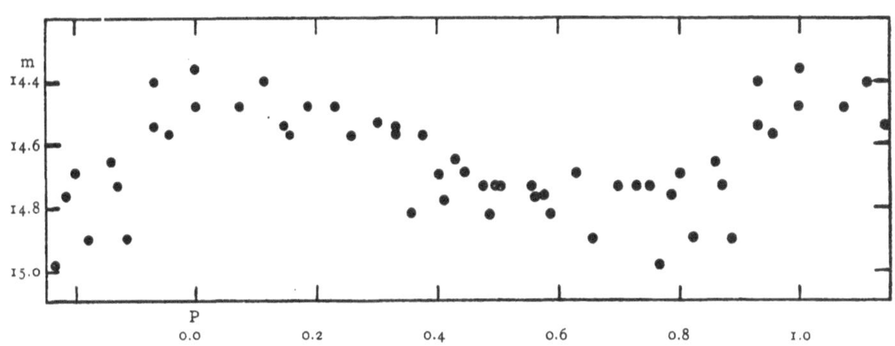

V 811 Ophiuchi = S 4175

3063. **S 4176 Oph** Bedeckungsstern; $12^m\!.6$—$13^m\!.1$

Der Veränderliche ist auf den Aufnahmen des 400 mm-Astrographen zu hell, auf den Platten der Himmelsüberwachung hingegen zu schwach, um sicher geschätzt zu werden. Auf den Aufnahmen des 170 mm-Triplets steht der Stern außerhalb des Feldes. Nur eine sichere Schwächung wurde beobachtet (242 9788.472). Die Elemente ließen sich nicht bestimmen. Der Veränderliche muß visuell überwacht werden.

3064. **V 868 Oph** β Lyrae-Stern? $12^{m}.9$—[$13^{m}.8$

Der Veränderliche wurde als RR Lyrae-Stern, Typus RRa, angezeigt (Erg AN 12,1). Die auf Reihenaufnahmen beobachteten Kurvenstücke lassen die Art des Lichtwechsels nicht klar erkennen. Die relativ steilen Abstiege zum Minimum lassen Bedeckungslichtwechsel mit kleiner Periode vermuten. Bekräftigt wird diese Vermutung durch eine isolierte Beobachtung bei 242 9110.408, die den Stern [$13^{m}.8$ zeigt. Auf den Platten des 170 mm-Triplets war die Untersuchung des Sterns nicht möglich. Der Veränderliche steht außerhalb des Feldes. Die nachfolgenden Elemente sind unsicher.

$$m_1 = 242\,9785.430 + 0.443224 \cdot E$$

$$A_1 =]0^{m}.9 \qquad A_2 = 0^{m}.7$$

Min.	Gr.	E	$B-R$
242 9110.408	$13^{m}80$	−1523	+0.008
9785.433	13.57	0	+0.003
9786.517	13.48	+ 2.5	−0.021
9787.413	13.50	4.5	−0.012
9808.444	13.70	52	−0.034
9816.483	13.61	70	−0.027
9843.470	13.60	131	−0.022
9845.469	13.55	+ 135.5	−0.018

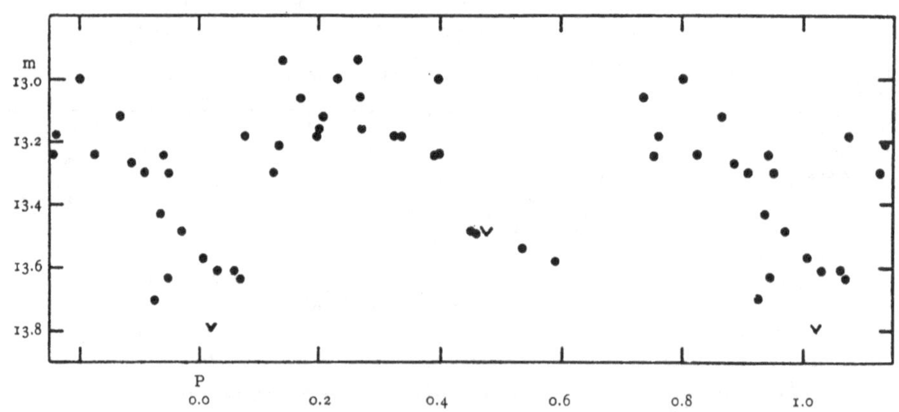

V 868 Ophiuchi = S 4177

3065. **V 816 Oph** RR Lyrae-Stern; $11^{m}.9$—$13^{m}.0$

$$M = 242\,9785.296 + 0.273124 \cdot E$$

$$M-m = 0^{d}.04 \qquad \text{Typus: RRb}$$

Max.	Gr.	E	$B-R$
242 9786.405	$12^m.06$	4	+0.017
9813.428	12.06	103	0.000
9813.456	12.14	103	+0.028
9816.427	11.98	114	−0.005
9816.455	11.98	114	+0.023
9843.470	11.90	213	−0.001
9845.385	11.98	220	+0.002
243 1696.345	12.06	6997	0.000

Die beobachteten Zwischenzeiten von Aufstieg zu Aufstieg betragen bei diesem Stern $1^d.09$. Die Verteilung der Kurvenstücken ist in diesem Falle ungünstig, so daß die Periode nicht sicher ermittelt werden konnte. Die oben angeführten Elemente wurden mit der Periode $\frac{1.09}{4}$ gerechnet. Auf den Platten des 170 mm-Triplets konnte der Stern nicht beobachtet werden. Die Aufnahmen der Himmelsüberwachung waren für die Untersuchung ebenfalls nicht verwendbar, da ein Begleiter ($10^m.5$) 0'.5 südlich vorausgehend mit S 4178 Oph zusammenfällt

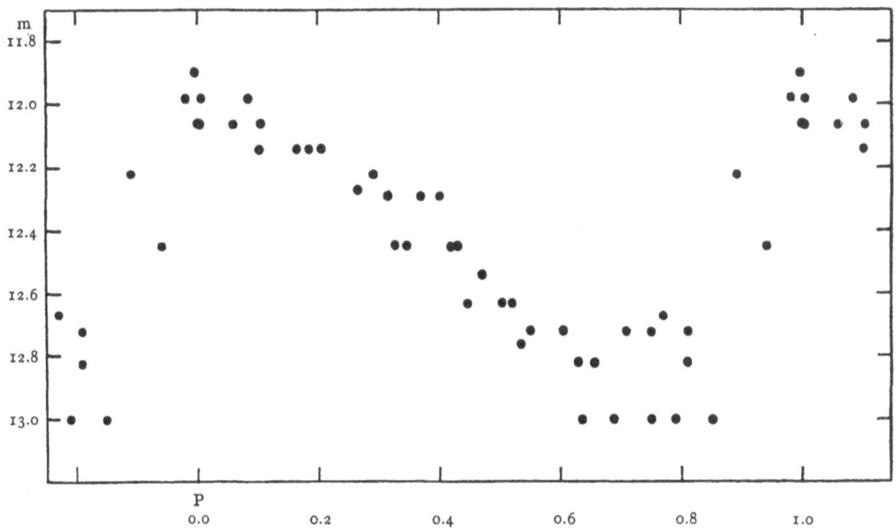

V 816 Ophiuchi = S 4178

3066. S 4179 Oph RR Lyrae-Stern; $16^m.0$—$16^m.4$

Der Stern bereitet wegen seiner geringen Helligkeit auf den Reihenplatten des 400 mm-Astrographen beim Beobachten Schwierigkeiten. Die nachfolgenden Elemente sind unsicher. Möglicherweise liegt auch Bedeckungslichtwechsel vor.

$$M = 242\ 9785.520 + 0.205911 \cdot E$$

Typus: RRc?

Max.	Gr.	E	$B-R$
242 9785.489	$16^m.18$	0	−0.031
9785.517	15.98	0	−0.003
9786.517	16.18	5	−0.033

Max.	Gr.	E	$B-R$
242 9788.415	$16^m.18$	14	+0.012
9812.481	16.18	131	−0.013
9812.509	16.18	131	+0.015
9816.427	15.98	150	+0.020
9843.386	16.15	281	+0.005
9844.385	16.18	286	−0.026
9844.413	16.07	286	+0.002
9844.441	16.12	286	+0.030
9845.413	15.98	291	−0.027
9845.441	16.07	291	+0.001
9845.469	16.18	291	+0.029
243 1696.345	16.18	9280	−0.029

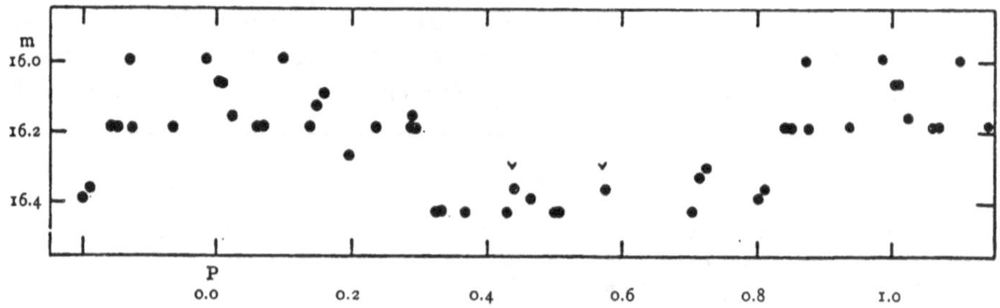

S 4179 Ophiuchi

3067. **S 4180 Oph** Unregelmäßig; $14^m.1$—$15^m.4$

Der Stern liegt außerhalb des 170 mm-Triplet-Feldes. Die auf Platten des 400 mm-Astrographen gewonnenen Beobachtungen weisen auf langsamen unregelmäßigen Lichtwechsel hin. Zwei Aufnahmen bei 242 9110 und 243 1696 zeigen den Stern in seinen Extremhelligkeiten $15^m.4$ und $14^m.1$.

3068. **V 870 Oph** RR Lyrae-Stern; $14^m.8$—$15^m.8$

Der Stern wurde von HOFFMEISTER als RR Lyrae-Stern angezeigt (Erg AN 12,1). Unabhängig davon wurde die Veränderlichkeit von HUGHES-BOYCE E. M. und HURUHATA M. (HA 109, Nr. 4, 1942) gefunden. Sie geben ebenfalls RR Lyrae-Typus. Auf Reihenaufnahmen des 400 mm-Astrographen wurden nachfolgende Elemente bestimmt. Die auf den Platten des 170 mm-Triplets beobachteten Maxima lassen sich mit diesen Elementen darstellen. Ihre *B–R*-Werte sind jedoch größer, da die durchschnittliche Belichtungszeit dieser Aufnahmen 2^h beträgt.

$$M = 242\,9785.528 + 0.317147 \cdot E$$

$$M - m = 0^d.03 \qquad \text{Typus: RRa}$$

Max.	Gr.	E	$B-R$	Instrument
242 5436.432	$15^m.02$	−13713	−0.059	A
5687.614	14.88	12921	−0.058	A
6868.455	14.88	− 9198	+0.045	A
9786.489	15.07	+ 3	+0.010	GA

Max.	Gr.	E	$B–R$	Instrument
242 9787.440	$15^m_.02$	+ 6	+0.009	GA
9787.465	14.82	6	+0.034	GA
9788.415	14.88	9	+0.033	GA
9812.481	14.88	85	–0.004	GA
9812.509	14.92	85	+0.024	GA
9813.428	14.88	88	–0.009	GA
9813.456	14.82	88	+0.019	GA
9845.469	15.42	189	0.000	GA
243 5218.532	15.02	17131	–0.041	A
5226.531	14.82	17156	+0.029	A
5252.464	14.82	+17238	–0.044	A

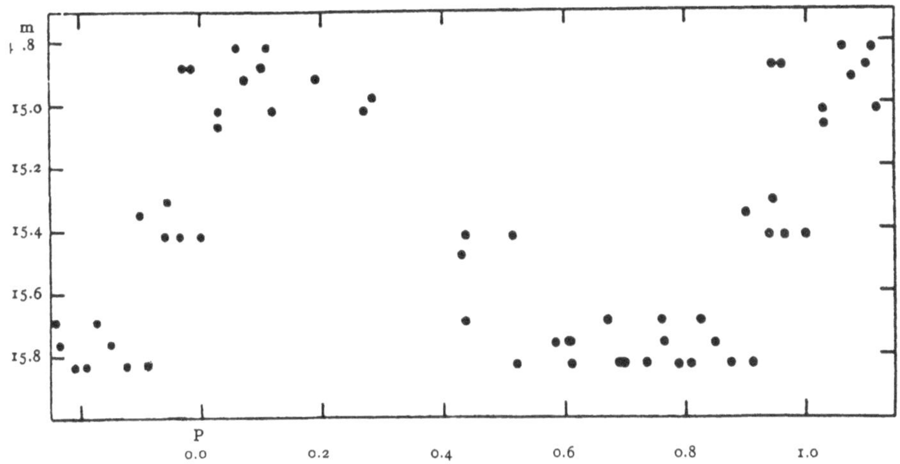

V 870 Ophiuchi = S 4181

3069. **S 4182 Oph** μ Cephei-Stern; $13^m_.8$—$14^m_.8$ (Matterplatten)

Auf den Kranz-Ultra-Platten des 170 mm-Triplets zeigt der Veränderliche in der Zeit von 242 5300 bis 6925 langsamen, oft in Wellen von 50^d bis 120^d verlaufenden Lichtwechsel mit Amplituden von $0^m_.4$ bis $1^m_.0$. Während die Amplitude des Sterns auf Matter- und Agfa-Astro-Platten zwischen $13^m_.8$ und $14^m_.8$ liegt, bewegen sich die Lichtänderungen auf Kranz-Ultra-Platten zwischen $13^m_.4$ und $14^m_.4$. Eine panchromatische Aufnahme des 400 mm-Astrographen zeigt den Veränderlichen $0^m_.4$ heller als auf Matterplatten. Der Stern ist rötlich.

3070. **V 871 Oph** RR Lyrae-Stern; $15^m_.3$—$15^m_.9$

$M = 242\,9785.542 + 0.450721 \cdot E$

$M–m = 0^d_.09$ Typus: RRb

Max.	Gr.	E	$B–R$	Instrument
242 5302.671	$15^m_.43$	– 9946	0.000	A
5436.436	15.43	9649	–0.099	A
5442.422	15.43	– 9636	+0.028	A

Max.	Gr.	E	$B-R$	Instrument
242 5525.299	$15^m.45$	− 9452	−0.028	A
5803.447	15.35	8835	+0.025	A
5864.341	15.32	8700	+0.072	A
5881.315	15.43	− 8662	−0.082	A
9785.489	15.43	0	−0.053	GA
9785.517	15.43	0	−0.025	GA
9786.405	15.35	+ 2	−0.038	GA
9786.433	15.43	2	−0.010	GA
9786.461	15.45	2	+0.018	GA
9813.428	15.43	62	−0.059	GA
9813.456	15.32	62	−0.031	GA
9845.469	15.32	133	−0.019	GA
243 4890.456	15.35	11326	+0.048	A
5223.542	15.43	+12065	+0.051	A

Die Periode des Sterns wurde auf den Reihenaufnahmen des 400 mm-Astrographen bestimmt. Die auf den Aufnahmen des 170 mm-Triplets beobachteten Maxima lassen sich mit den obigen Elementen darstellen.

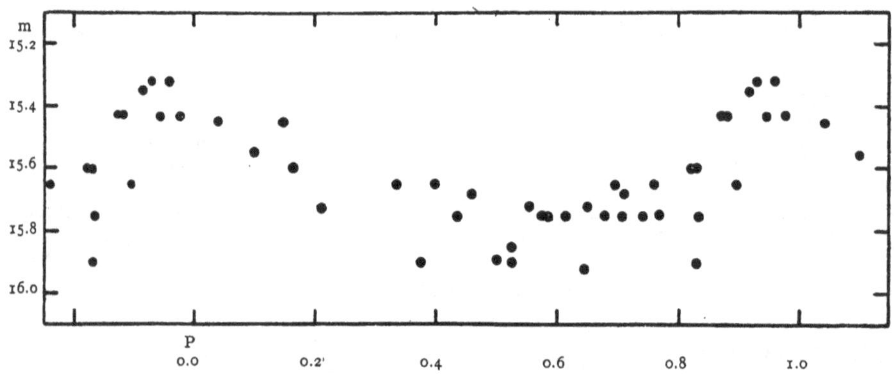

V 871 Ophiuchi = S 4183

3071. **S 4184 Oph** Langperiodisch; $14^m.8$—$16^m.6$

Hoffmeister zeigte den Stern als langsam veränderlich an (Erg AN 12,1). Untersuchungen auf den Kranz-Ultra-Platten des 170 mm-Triplets und auf den Reihenaufnahmen des 400 mm-Astrographen lassen langperiodischen Lichtwechsel erkennen. Die Maxima sind in ihrer Höhe und Form verschieden. Stellenweise beträgt die Amplitude der Lichtkurve nur $0^m.8$. Auf einer panchromatischen Platte ist der Veränderliche $0^m.5$ heller als auf den Matterplatten.

Die Maxima und hellen Einzelbeobachtungen lassen sich mit folgenden Elementen darstellen:

$$M = 242\,5740 + 237 \cdot E$$

Max.	Gr.	E	$B-R$	Bemerk.	Instrument
242 5500	$15^m.6$	− 1	−3	1	A
5745	14.8	0	+5		A

Max.	Gr.	E	$B-R$	Bemerk.	Instrument
242 6215	$15^m.6$	+ 2	+1	2	A
6445	15.5	3	−6		A
6925	15.6	5	0	1	A
9770	15.5	+17	+1	3	GA

Bemerkung: 1 = Aufstieg beobachtet
2 = Einzelbeobachtung
3 = Abstieg beobachtet

3072. S 4186 Oph Bedeckungsveränderlicher; $14^m.5$—$15^m.5$

$$m_1 = 242\ 9785.566 + 0.439064 \cdot E$$

$$A_1 = 1^m.0 \qquad A_2 = 0^m.8$$

Min.	Gr.	E	$B-R$
242 9786.433	$15^m.39$	2	−0.011
9786.461	15.46	2	+0.017
9788.415	15.00	6.5	−0.005
9788.443	15.00	6.5	+0.023
9790.423	[14.93	11	+0.027
9813.428	15.29	63.5	−0.019
9813.521	15.10	63.5	+0.074
9816.511	15.00	70.5	−0.009
9844.385	15.06	134	−0.016
9844.413	15.39	134	+0.012

Der Stern wurde auch auf den Platten des 170 mm-Astrographen beobachtet. Ein Anschluß an die dort gefundenen Minima gelang nicht. Die Darstellung zeitlich benachbarter Minima mit oben angeführten Elementen war möglich.

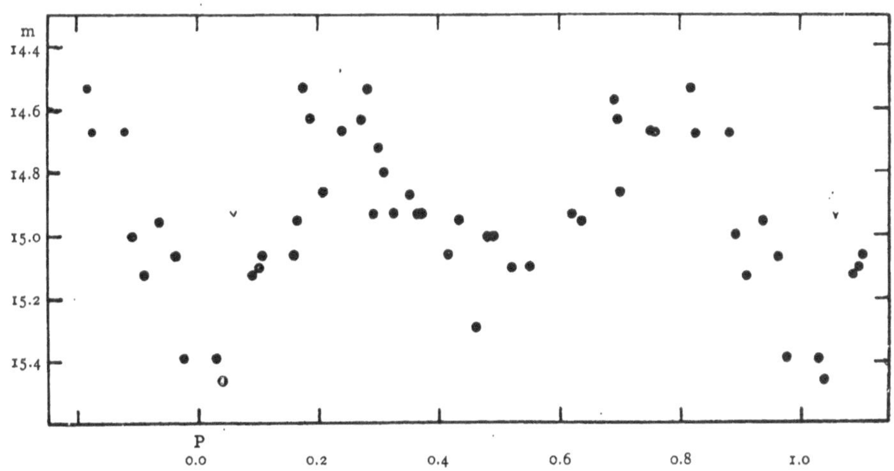

S 4186 Ophiuchi

3073. **S 4185 Oph** μ Cephei-Stern; $15^m\!.6$—$16^m\!.6$

Langsamer, oft über längere Zeitabschnitte (150^d und mehr) zum Erliegen kommender Lichtwechsel ist charakteristisch für diesen Veränderlichen. Zeitweilig beträgt die Amplitude nur $0^m\!.3$. Auf den Reihenaufnahmen des 400 mm-Astrographen konnte ein wellenförmiger Abstieg von $15^m\!.7$ auf $16^m\!.3$ beobachtet werden. Zwei isolierte Platten bei 242 9110 und 243 1696 zeigen den Stern mit der Helligkeit $16^m\!.6$ und $15^m\!.6$.

3074. **S 4187 Oph** Langperiodisch; $15^m\!.9$—[$17^m\!.0$

Der Stern liegt außerhalb des 170 mm-Triplet-Feldes. Auf den Platten des 400 mm-Astrographen wurde in der Zeit von 242 9785 bis 9845 ein Aufstieg von $16^m\!.9$ bis $15^m\!.9$ beobachtet. Bei 243 1696 ist der Stern nicht sichtbar ([$17^m\!.0$). Auf einer panchromatischen Platte ist der Veränderliche $0^m\!.6$ heller als auf den Matterplatten.

3075. **S 4188 Oph** β Lyrae-Stern; $14^m\!.8$—$15^m\!.8$

$m_1 = 242\ 9785.408 + 0.433226 \cdot E$

$A_1 = 1^m\!.0 \qquad A_2 = 0^m\!.8$

Min.	Gr.	E	B–R
242 9110.408	$15^m\!.33$	−1558.0	−0.034
9785.405	[15.75	0.0	−0.003
9785.433	15.42	0.0	+0.025
9786.489	15.42	+ 2.5	−0.002
9786.517	15.33	2.5	+0.026
9788.415	[15.08	7.0	−0.026
9788.443	15.42	7.0	+0.002
9812.481	15.33	62.5	−0.004
9843.442	15.83	134.0	−0.018
9843.470	15.42	134.0	+0.010
9845.413	15.58	138.5	+0.003
243 1696.345	15.33	+4411.0	−0.023

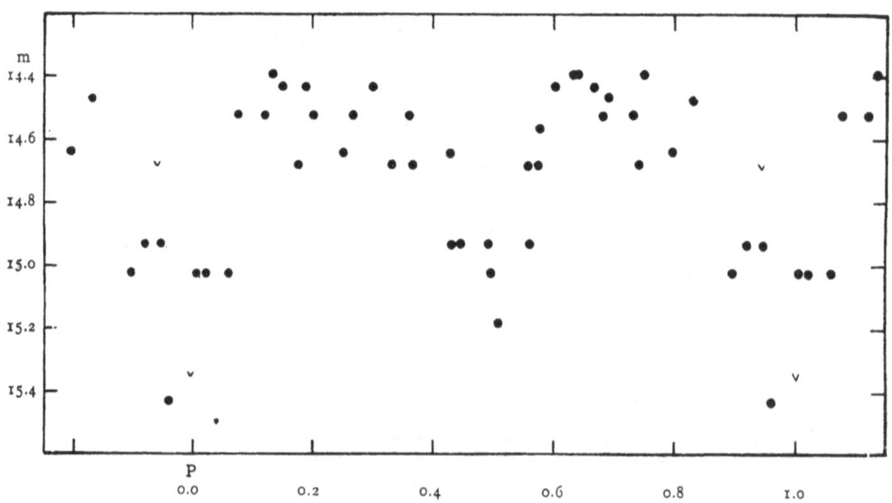

S 4188 Ophiuchi

3076. **S 4189 Oph** Algol-Stern; $16^m_.0$—$[16^m_.6$

$m_1 = 242\,9788.468 + 1.196955 \cdot E$

$D = 0^P_.09 = 2^h_.6 \quad d = 0^P_.0 \quad A_1 =]0^m_.6 \quad A_2 = 0^m_.5$

Min.	Gr.	E	B–R
242 9110.408	[16ᵐ45	− 566.5	+0.015
9785.461	16.53	− 2.5	−0.015
9788.443	[16.53	0.0	−0.025
9788.472	16.60	0.0	+0.004
9788.505	16.60	0.0	+0.037
9816.511	16.28	+ 23.5	−0.085
9843.470	[16.25	46.0	−0.058
9845.385	16.32	47.5	+0.062
243 1696.345	16.20	+1594.0	−0.069

Sämtliche Minima wurden auf den Platten des 400 mm-Astrographen gefunden. Die Beobachtung ist durch die geringe Helligkeit des Sterns erschwert. Auf den Platten des 170 mm-Triplets liegt der Veränderliche außerhalb des Feldes.

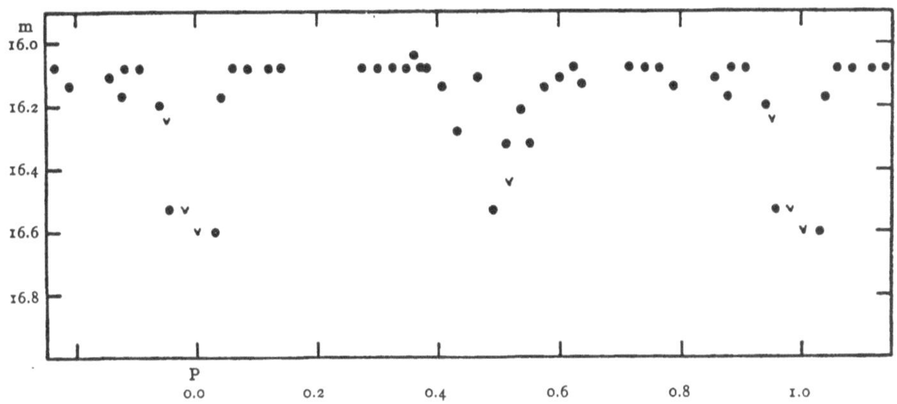

S 4189 Ophiuchi

3077. **S 4190 Oph** RR Lyrae-Stern; $15^m_.6$—$16^m_.4$

$M = 242\,9785.392 + 0.4581672 \cdot E$

$M - m = 0^d_.05$ Typus: RRa

Max.	Gr.	E	B–R	Instrument
242 5302.671	15ᵐ85	− 9784	−0.013	A
5363.572	15.95	9651	−0.048	A
5803.447	15.90	8691	−0.014	A
5881.315	15.95	8521	−0.034	A
6215.376	16.00	− 7792	+0.023	A
9785.433	15.65	0	+0.041	GA
9790.423	15.55	+ 11	−0.009	GA
9812.425	15.55	59	+0.001	GA
9812.453	15.65	59	+0.029	GA
9845.469	15.65	131	+0.057	GA
243 5254.476	15.88	+11937	−0.058	A

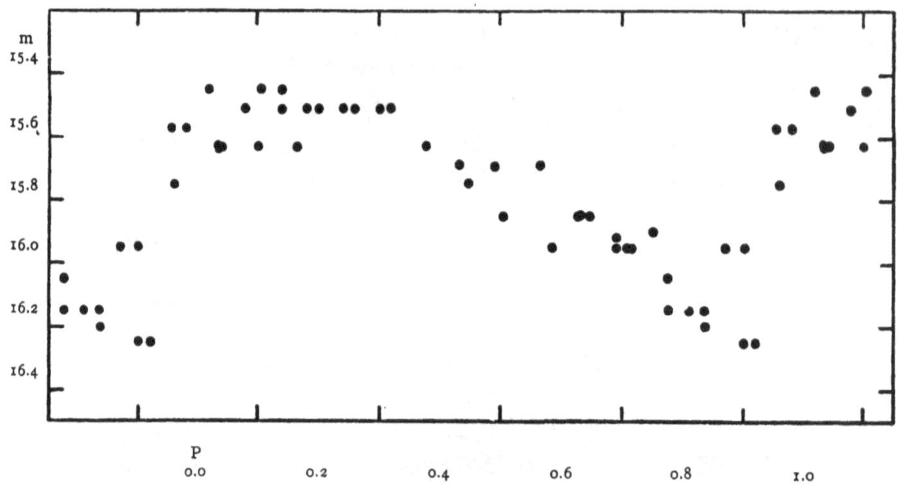

S 4190 Ophiuchi

3078. V 872 Oph Mira-Stern; $15^{\mathrm{m}}.6$—[$16^{\mathrm{m}}.5$

Für die Untersuchung standen nur 38 Reihenaufnahmen mit dem 400 mm-Astrographen zur Verfügung. Selbst auf diesen Platten ist die Beobachtung erschwert, da der Veränderliche nur 1 mm vom Plattenrand entfernt ist. Ein sicheres Maximum wurde bei 242 9816 ($15^{\mathrm{m}}.6$) festgestellt. Zwei isolierte Platten bei 242 9110 und 243 1696 zeigen den Stern mit der Helligkeit [$16^{\mathrm{m}}.0$ und $16^{\mathrm{m}}.30$.

3079. S 4192 Oph W UMa-Stern; $15^{\mathrm{m}}.8$—$16^{\mathrm{m}}.5$

$$m_1 = 242\,9786.517 + 0.486074 \cdot E$$

$$A_1 = 0^{\mathrm{m}}.7 \qquad A_2 = 0^{\mathrm{m}}.55$$

Min.	Gr.	E	B–R
242 9785.517	$16^{\mathrm{m}}.40$	− 2	−0.028
9786.489	16.00	0	−0.028
9786.517	16.40	0	0.000
9787.440	16.22	+ 2	−0.049
9787.465	◠	2	−0.024
9788.415	16.22	4	−0.046
9788.443	16.30	4	−0.018
9788.472	16.50	4	+0.011
9788.505	16.40	4	+0.044
9790.423	16.35	8	+0.017
9812.509	16.35	53.5	−0.013
9813.456	16.22	55.5	−0.038
9816.427	16.26	61.5	+0.016
9843.386	$16^{\mathrm{m}}.45$	117	−0.002
9843.414	16.50	117	+0.026
9843.442	16.35	117	+0.054
9844.385	16.22	+119	+0.025

Die Beobachtung des Sternes war wegen seiner geringen Helligkeit und seiner Lage nahe am Plattenrande schwierig. Bei der Entdeckung wurde der Veränderliche als RR Lyrae-Stern angezeigt (Erg AN 12,1).

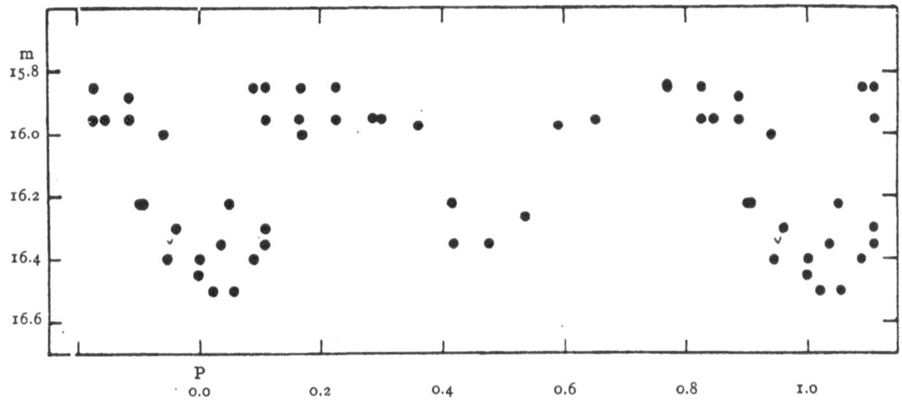

S 4192 Ophiuchi

3080. **S 4193 Ser** RR Lyrae-Stern; $15^{m}_{.}9$—$16^{m}_{.}5$

Der Stern läßt sich wegen seiner geringen Helligkeit auf den Reihenplatten nur schwierig beobachten. Folgende Elemente wurden gefunden:

$$M = 242\ 9785.456 + 0.365511 \cdot E$$

$$M - m = 0^{d}_{.}11 \qquad \text{Typus: RRb}$$

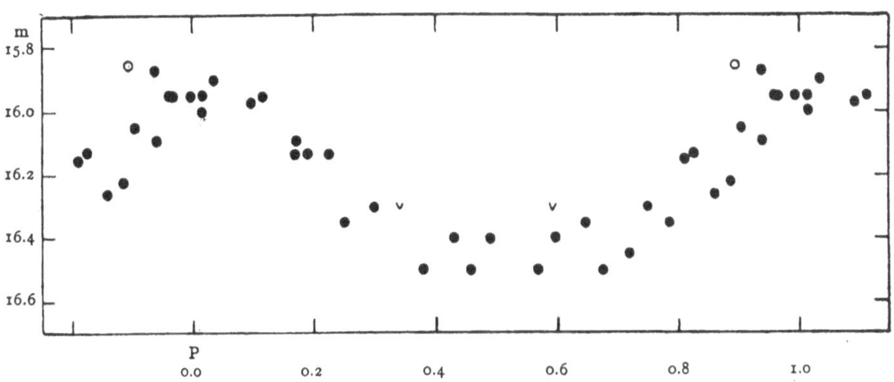

S 4193 Serpentis

Max.	Gr.	E	$B-R$
242 9785.433	$15^{m}_{.}87$	0	−0.023
9785.461	15.95	0	+0.005
9786.517	16.05	3	−0.036
9788.415	15.97	8	+0.035
9808.444	15.85 [1])	63	−0.039
9812.481	16.09	74	−0.023

[1]) Panchromatische Platte. Sie ist in der Abbildung als Kreis gezeichnet.

Max.	Gr.	E	$B-R$
242 9812.509	$16^{m}.00$	74	+0.005
9816.511	15.95	85	−0.013
9845.385	15.95	164	−0.015
9845.413	15.90	164	+0.013
243 1696.345	15.95	5228	−0.003

3081. **S 4194 Oph** μ Cephei-Stern; $15^{m}.1$—$15^{m}.7$

Der Lichtwechsel verläuft langsam und völlig regellos. Stellenweise zeigt die Lichtkurve Wellencharakter. Die auftretenden Amplituden einzelner Kurvenabschnitte sind nicht größer als $0^{m}.4$. Auf Kranz I-Platten ist der Stern $0^{m}.4$ heller als auf Kranz-Ultra-Platten. Die Farbe ist also rötlich. Auf Reihenaufnahmen verhält sich der Veränderliche ruhig. Beobachtungen bei 242 9110 und 243 1696 haben die Helligkeit $15^{m}.6$ und $15^{m}.1$.

3082. **S 4195 Oph** RR Lyrae-Stern; $14^{m}.8$—$15^{m}.7$

$M = 242\,9785.517 + 0.273326 \cdot E$

$M-m = 0^{d}.06$ Typus: RRb

Max.	Gr.	E	$B-R$
242 9110.408	$15^{m}.03$	−2470	+0.006
9785.517	14.92	0	0.000
9787.413	14.94	+ 7	−0.017
9787.440	14.86	7	+0.010
9790.423	14.82	18	−0.014
9813.428	14.90	102	+0.032
9816.427	15.00	113	+0.024
9843.470	14.98	212	+0.008
9845.385	15.03	219	+0.010
243 1696.345	14.86	+6991	+0.006

Der Stern konnte nur auf den Platten des 400 mm-Astrographen beobachtet werden.

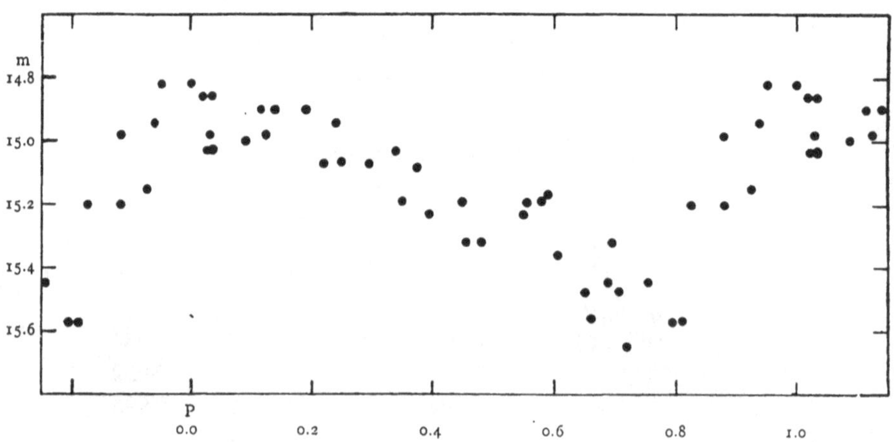

S 4195 Ophiuchi

3083. **S 4196 Oph** W UMa-Stern; $14^m_.6$—$15^m_.1$

Die Beobachtungen auf Reihenaufnahmen des 400 mm-Astrographen lassen sich am besten mit den nachfolgenden Elementen darstellen. Die Beobachtungen sind wegen der kleinen Amplitude und dem Fehlen geeigneter Vergleichsterne unsicher.

$$m_1 = 242\,9785.450 + 0.320018 \cdot E$$
$$A_1 = A_2 = 0^m_.5$$

Min.	Gr.	E	$B-R$
242 9785.433	$14^m_.90$	0	−0.017
9785.461	15.08	0	+0.011
9786.405	14.89	3	−0.005
9786.433	14.83	3	+0.023
9788.472	14.90	9.5	−0.018
9788.505	15.08	9.5	+0.015
9790.423	14.86	15.5	+0.013
9812.481	14.83	84.5	−0.011
9813.428	14.86	87.5	−0.024
9813.456	14.83	87.5	+0.004
9816.483	14.83	97	−0.009
9816.511	14.88	97	+0.019
9843.386	14.83	181	+0.013
9845.441	14.79	187.5	−0.012
9845.469	14.92	187.5	+0.016

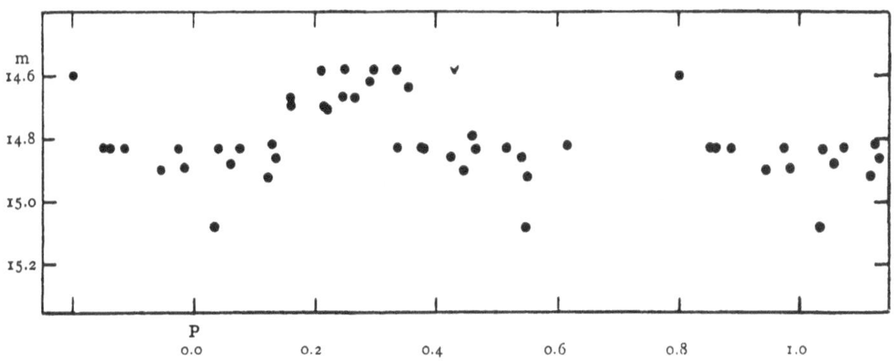

S 4196 Ophiuchi

3084. **S 4197 Oph** RR Lyrae-Stern; $15^m_.1$—$16^m_.3$

$$M = 242\,9788.505 + 0.389759 \cdot E$$
$$M-m = 0^d_.08 \quad \text{Typus: RRb}$$

Max.	Gr.	E	$B-R$	Instrument
242 5363.572	$15^m_.30$	−11353	+0.001	A
5413.456	15.40	11225	−0.004	A
5502.339	15.50	10997	+0.014	A
6420.612	15.55	8641	+0.015	A
6477.511	15.50	− 8495	+0.009	A

Max.	Gr.	E	$B-R$	Instrument
242 6925.421:	$15^{m}.50$	− 7346	+0.086	A
9110.408	15.48	1740	+0.084	GA
9785.405	15.53	− 8	+0.018	GA
9788.472	15.68	0	−0.033	GA
9788.505	15.19	0	0.000	GA
9790.423	15.10	+ 5	−0.031	GA
9813.456	15.53	64	+0.006	GA
9845.441	15.19	146	+0.031	GA
9845.469	15.19	146	+0.059	GA
243 5197.587	15.50	13878	+0.007	A
5254.476	15.50	+14024	−0.009	A

Form und Höhe der Maxima sind bei diesem Stern verschieden. Beobachtungen auf Platten des 170 mm-Triplets bestätigen diesen Befund.

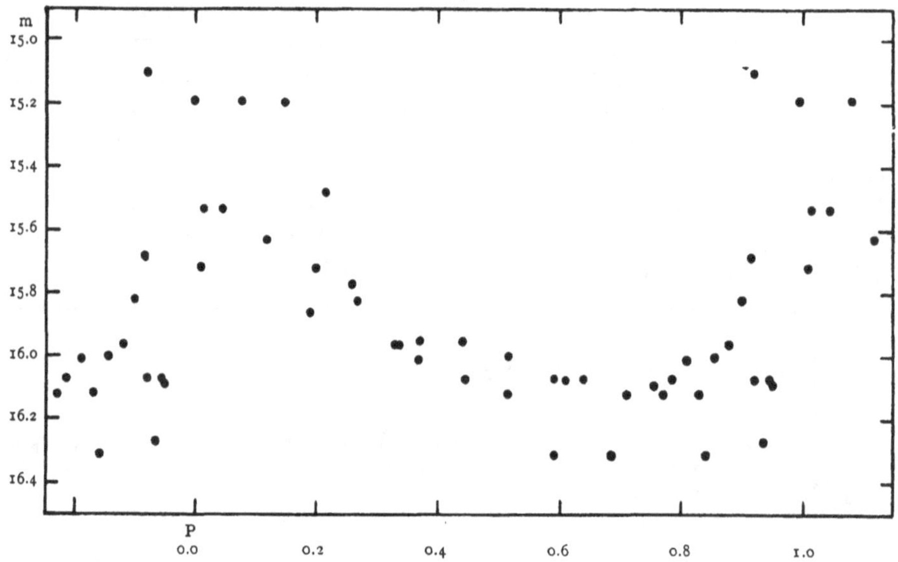

S 4197 Ophiuchi

3085. **S 4198 Ser** Unregelmäßig?; $13^{m}.2$—$13^{m}.9$

Der Veränderliche liegt nur im Feld des 400 mm-Astrographen. Sein Lichtwechsel ist sprunghaft und völlig regellos. Auf Reihenaufnahmen verhält er sich in 8 von 9 Nächten über die kurzen Zeitabschnitte von $0^{d}.1$ ruhig, während er bei 242 9812 Helligkeitsänderungen von $13^{m}.2$—$13^{m}.8$ innerhalb $0^{d}.030$ zeigt. Beobachtungen bei 242 9110 und 243 1696 haben die gleiche Helligkeit $14^{m}.0$. Das geringe Plattenmaterial erlaubt keine genauere Klassifikation. Wahrscheinlich liegt RW Aurigae-Lichtwechsel vor.

3086. **S 4199 Oph** W UMa-Stern; $14^{m}.4$—$14^{m}.8$

$$m_1 = 242\,9785.517 + 0.37186 \cdot E$$

$$A_1 = A_2 = 0^{m}.4$$

Min.	Gr.	*E*	*B–R*
242 9110.408	$14^{m}80$	−1815.5	+0.003
9785.517	14.75	0	0.000
9786.461	14.70	+ 2.5	+0.014
9788.472	14.80	8	−0.020
9812.481	14.80	72.5	+0.004
9844.470	14.65	158.5	+0.013
9845.385	14.75	+ 161	−0.001

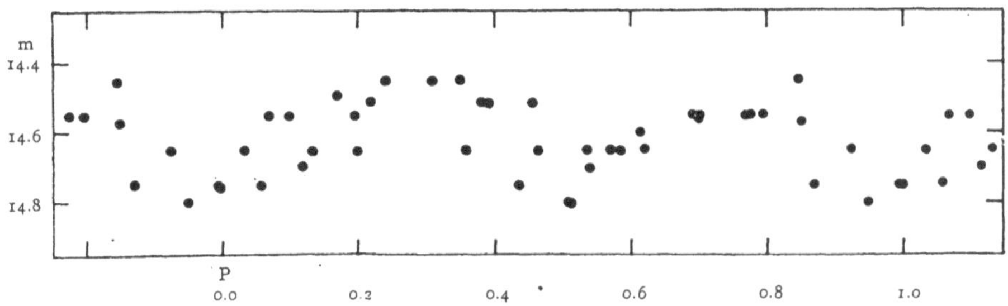

S 4199 Ophiuchi

3087. **S 4200 Oph** Mira-Stern; $14^{m}2$—[$17^{m}0$

$M = 242\,5440 + 362 \cdot E$

Max.	Gr.	*E*	*B–R*
242 5440	$14^{m}6$	0	0
5800	14.7	1	−2
6160	14.8	2	−4
9790	14.2	12	+6

Die Periode ist möglicherweise auch teilbar. Von den Maxima $E = 0$, $E = 2$ und $E = 12$ wurde nur der Abstieg beobachtet.

3088. **S 4201 Oph** RR Lyrae-Stern; $15^{m}0$—$15^{m}7$

$M = 242\,9785.333 + 0.274730 \cdot E$

$M - m = 0^{d}05$ Typus: RRb

Max.	Gr.	*E*	*B–R*	Instrument
242 5363.572	$15^{m}28$	−16095	+0.018	A
5689.627	15.28	14908	−0.031	A
5705.584	15.28	14850	−0.009	A
5716.581	15.32	14810	−0.001	A
5762.458	15.32	14643	−0.004	A
5882.313	15.23	14207	+0.070	A
6477.511	15.28	12040	−0.073	A
6769.633	15.23	−10977	+0.011	A
9786.405	14.98	+ 4	−0.027	GA
9786.433	15.03	4	+0.001	GA
9808.444	15.07	84	+0.034	GA
9844.385	15.07	215	−0.015	GA
9844.413	15.23	215	+0.013	GA
243 1696.345	15,03	+ 6956	−0.010	GA

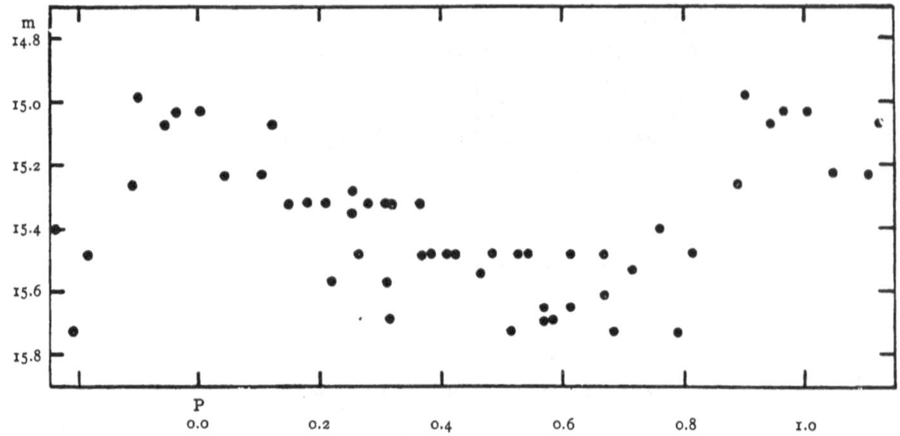

S 4201 Ophiuchi

3089. S 4202 Oph Unregelmäßig ?; $14^{\rm m}.2$—$15^{\rm m}.6$

Hoffmeister zeigte den Stern, der nur auf den Platten des 400 mm-Astrographen untersucht werden konnte, als langsam veränderlich (langperiodisch ?) an (Erg AN 12.1). Lediglich ein Abstieg von $14^{\rm m}.2$ auf $15^{\rm m}.5$ in der Zeit von 242 9785 bis 9845 konnte beobachtet werden. Zwei isolierte Einzelbeobachtungen bei 242 9110 und 243 1696 zeigen die Helligkeit $14^{\rm m}.7$ und $15^{\rm m}.6$.

3090. S 4203 Oph μ Cephei-Stern; $14^{\rm m}.6$—$16^{\rm m}.0$ (Matterplatten)

Der Lichtwechsel auf Kranz-Ultra-Platten des 170 mm-Triplets aus der Zeit von 242 5300 bis 6925 wird durch Wellen von $50^{\rm d}$ bis $130^{\rm d}$ Länge und Amplituden von $0^{\rm m}.4$ bis $0^{\rm m}.9$ charakterisiert. Die Lichtkurve verläuft zwischen $14^{\rm m}.0$ und $15^{\rm m}.0$. Auf einer Kranz I-Platte bei 242 5879 ist der Veränderliche $0^{\rm m}.9$ heller als auf einer Aufnahme (Kranz-Ultra) vom nachfolgenden Tage. Der Stern ist vermutlich rot. Auf Platten des 400 mm-Astrographen (Matterplatten) wurde ein Abstieg von $14^{\rm m}.6$ auf $16^{\rm m}.0$ in der Zeit von 242 9785 bis 9845 gefunden. Zwei Beobachtungen bei 242 9110 und 243 1696 zeigen den Stern mit der Helligkeit $15^{\rm m}.1$ und $14^{\rm m}.6$.

3091. S 4204 Oph Unregelmäßig; $14^{\rm m}.5$—$16^{\rm m}.5$

Der Stern wurde von Hoffmeister auf den Platten des 400 mm-Astrographen gefunden und als langperiodisch angezeigt (Erg AN 12,1).

Die Untersuchung des Veränderlichen auf demselben Plattenmaterial unter Einbeziehung der Aufnahmen mit dem 170 mm-Triplet ergab unregelmäßigen Lichtwechsel. Auf den Platten des 400 mm-Vierlinsers zeigt der Stern zwischen 242 9790 ($16^{\rm m}.5$) und 9845 ($15^{\rm m}.5$) ein Mira-ähnliches Maximum (9814 [$14^{\rm m}.5$]), das bei der Entdeckung zur Annahme langperiodischen Lichtwechsels geführt hat. 5 Tage vor dem Minimum bei 9790 hatte der Veränderliche jedoch noch die Helligkeit $15^{\rm m}.5$. Die Lichtkurve, die aus Beobachtungen auf Aufnahmen des 170 mm-Triplets abgeleitet wurde, zeigt unregelmäßigen Lichtwechsel, der zeitweilig Wellencharakter aufweist. In den meisten Fällen beträgt die Amplitude $0^{m}.5$ bis $1^{m}.0$. Über die Farbe des Sterns ist nichts bekannt.

3092. **S 4205 Oph** Unregelmäßig; $14^{m}.2$—$15^{m}.2$ (Matterplatten)

Auf den Kranz-Ultra-Platten des 170 mm-Triplets wurde in der Zeit von 242 5300 bis 6500 langsamer, stellenweise wellenartiger Lichtwechsel (μ Cephei-ähnlich) von 30^{d} bis 130^{d} Dauer zwischen $13^{m}.6$ und $14^{m}.4$ festgestellt. Auf Reihenplatten des 400 mm-Astrographen (Matterplatten) verhält sich der Stern in 7 von 9 Nächten ruhig ($14^{m}.2$—$14^{m}.6$). Bei 242 9812 und 9843 kommt jedoch rascher Lichtwechsel vor, wobei $0^{m}.7$ innerhalb $0^{d}.060$ durchlaufen werden. Möglicherweise liegt auch RW Aurigae-ähnlicher Lichtwechsel vor.

3093. **S 4206 Oph** W UMa-Stern; $14^{m}.3$—$14^{m}.9$

$$m_1 = 242\,9785.411 + 0.225270 \cdot E$$

$$A_1 = A_2 = 0^{m}.6$$

Min.	Gr.	E	B–R
242 9785.405	$14^{m}.90$	0	–0.006
9786.433	14.90	4.5	+0.008
9787.440	14.75	9	+0.002
9788.443	14.65	13.5	–0.009
9813.456	14.55	124.5	–0.001
9816.511	14.90	138	+0.013
9844.441	14.63	262	+0.009

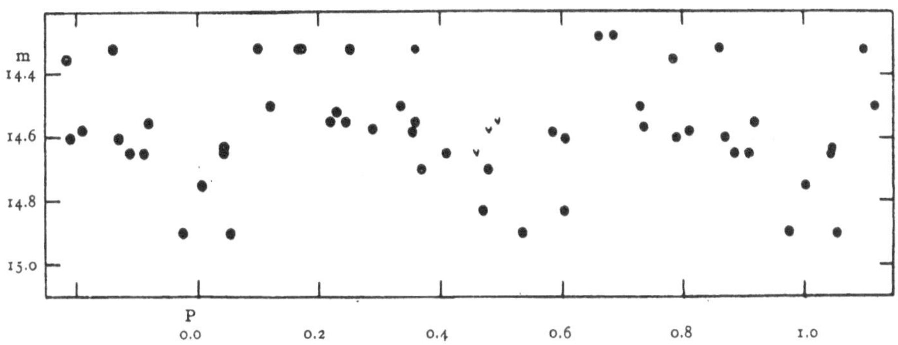

S 4206 Ophiuchi

3094. **S 4207 Oph** Mira-Stern; $14^{m}.4$—[$16^{m}.0$

$$M = 242\,5510 + 303 \cdot E$$

Max.	Gr.	E	B–R	Bemerkung
242 5517	$14^{m}.4$	0	+ 7	1
5830	14.5	1	+17	—
6132	14.7	2	+16	—
6420	14.4	3	+ 1	3

Max.	Gr.	E	$B-R$	Bemerkung
242 9110	$14^m.4$	12	−36	2
9750	14.4	14	− 2	3
243 3099	14.6	25	+14	2
4890	15.0	31	−13	2
5195	14.6	32	−11	3

Bemerkung: 1 = Aufstieg beobachtet
2 = Einzelbeobachtung
3 = Abstieg beobachtet

3095. **S 4208 Oph** Halbregelmäßig; $15^m.1$—[$16^m.5$

Der Stern wurde auf den Platten des 400 mm-Astrographen und des 170 mm-Triplets untersucht. Unter der Voraussetzung, Abweichungen der $B-R$-Werte bis ⅓ der Periode zuzulassen, können die beobachteten Maxima mit folgenden Elementen dargestellt werden:

$$M = 242\,5448 + 327 \cdot E$$

Max.	Gr.	E	$B-R$	Bemerkung
242 5448	$15^m.5$	0	0	—
5765	15.3	1	−10	—
6082	15.3	2	−20	—
6475	15.5	3	+46	—
9785	15.3	13	+86	1
243 4900	15.2	29	−31	2
5225	15.1	30	−33	—

Bemerkung: 1 = Abstieg beobachtet
2 = Einzelbeobachtung

Eine genauere Klassifikation des Lichtwechsels kann wegen des geringen Plattenmaterials nicht gegeben werden.

3096. **S 4209 Oph** RW Aurigae-ähnlich; $14^m.8$—$16^m.0$

Der Lichtwechsel ist sprunghaft und völlig unregelmäßig. Helligkeitsänderungen von $1^m.0$ innerhalb 5^d wurden öfters auf den Platten des 170 mm-Triplets beobachtet. Auf Reihenaufnahmen des 400 mm-Astrographen verhält sich der Veränderliche nur in manchen Nächten ruhig. Mehrmals konnten Erhellungen und Schwächungen von $0^m.5$ innerhalb $0^d.030$ festgestellt werden. Über Farbe bzw. Spektrum des Sterns ist nichts bekannt.

3097. **S 4210 Oph** Mira-Stern; $15^m.1$—[$17^m.0$

$$M = 242\,5520 + 303 \cdot E$$

Max.	Gr.	E	$B-R$
242 5525	$15^m.4$	0	+5
5820	15.4	1	−3
6125	15.3	2	−1
6430	15.6	3	+1
243 4910	15.3	31	−3
5220	15.3	32	+4

Zur Ableitung der Elemente wurden Beobachtungen auf Platten des 170 mm-Triplets benutzt. Die Maxima sind relativ breit, so daß die Einzelbeobachtungen mit dem 400 mm-Astrographen bei 242 9110 ($15^m.1$) und 243 1696 ([$15^m.4$) nicht zur Bestimmung herangezogen werden konnten. Die Reihenplatten von 242 9785 bis 9845 zeigen den Veränderlichen mit der Helligkeit $16^m.0$ und schwächer, obwohl in unmittelbarer Nähe (242 9762) ein Maximum liegen müßte.

3098. S 4211 **Oph** RR Lyrae-Stern; $12^m.4$—$13^m.1$

Der zeitweise geringe Lichtwechsel des Sterns bereitet beim Schätzen Schwierigkeiten. Die nachfolgenden Elemente wurden auf Reihenaufnahmen des 400 mm-Astrographen gefunden. Bemerkenswert ist, daß der Stern auf Reihenplatten von 242 9816 und 9844 nur eine Amplitude von $0^m.3$ zeigt. Die Maxima erreichen hierbei nicht ihre volle Höhe (siehe Abbildung). Auf den übrigen Aufnahmen wurde eine mittlere Amplitude von $0^m.6$ festgestellt.

$$M = 242\,9785.419 + 0.084857 \cdot E$$

Typus: RRc

Max.	Gr.	E	$B–R$
242 9785.405	$12^m.58$	0	–0.014
9786.433	12.70	12	–0.004
9786.517	12.55	13	–0.005
9788.472	12.58	36	–0.002
9790.423	12.70	59	–0.003
9812.481	12.62	319	–0.007
9813.428	12.62	330	+0.006
9816.483	12.85	366	+0.006
9843.386	12.55	683	+0.010
9843.470	12.62	684	+0.009
9844.385	13.10	695	–0.010
9844.470	12.99	696	–0.009
9845.413	12.40	707	0.000

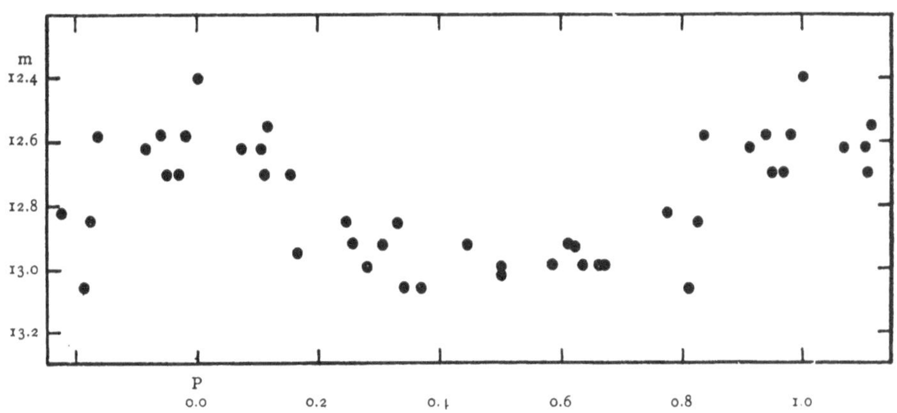

S 4211 Ophiuchi, große Amplitude

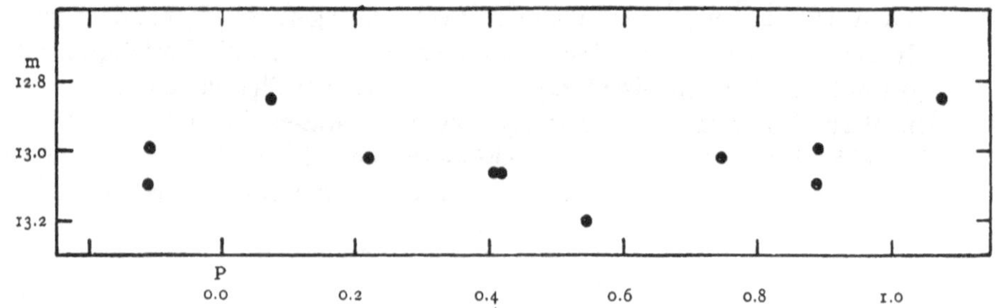

S 4211 Ophiuchi, kleine Amplitude

3099. **V 875 Oph** Mira-Stern; $14^{\mathrm{m}}5$—[$17^{\mathrm{m}}0$

Auf den Platten des 400 mm-Astrographen konnte nur ein Maximum bei 242 9800 ($14^{\mathrm{m}}5$) beobachtet werden. Erhellungen auf den Aufnahmen mit dem 170 mm-Triplet ergeben folgende unsichere Elemente:

$$M = 242\,9820 + 267 \cdot E$$

Max.	Gr.	E	$B-R$
242 5302	$15^{\mathrm{m}}1$	−17	+21
5525	15.5	16	−23
6100	14.8	−14	+18
9800	14.5	0	−20
243 4875	14.8	+19	−18

3100. **S 4213 Oph** W UMa-Stern; $15^{\mathrm{m}}8$—$16^{\mathrm{m}}4$

$$m_1 = 242\,9785.314 + 0.310588 \cdot E$$

$A_1 = 0^{\mathrm{m}}60$ $A_2 = 0^{\mathrm{m}}55$

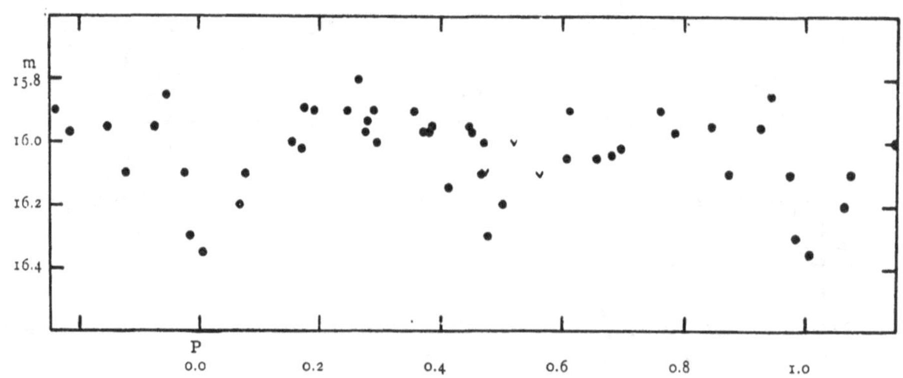

S 4213 Ophiuchi

Min.	Gr.	E	$B-R$
242 9110.408	$16^{\mathrm{m}}35$	−2173.0	+0.002
9785.461	16.30	+ 0.5	−0.008
9788.415	16.30	10.0	−0.005
9808.444[1])	[16.10	+ 74.5	−0.009

[1]) panchromatische Platte.

Min.	Gr.	E	$B-R$
242 9812.481	$16^m.00$	+ 87.5	−0.009
9813.428	[16.00	90.5	+0.006
9843.414	16.20	187.0	+0.020
9844.470	16.10	190.5	−0.011
9845.413	16.20	+ 193.5	0.000

Auf den Aufnahmen mit dem 170 mm-Triplet ist der Stern zu schwach.

3101. **S 4214 Oph** RR Lyrae-Stern; $14^m.3$—$15^m.2$

$M = 242\,9785.489 + 0.346924 \cdot E$

$M-m = 0^d.055$ Typus: RRa

Max.	Gr.	E	$B-R$	Instrument
242 5502.339	$14^m.67$	−12346	−0.026	A
5525.299	14.67	12280	+0.037	A
5743.524	14.67	11651	+0.047	A
5760.440	14.67	11602	−0.037	A
6418.618	14.67	9705	+0.027	A
6475.506	14.67	9541	+0.019	A
9110.408	14.42	− 1946	+0.033	GA
9785.489	14.33	0	0.000	GA
9785.517	14.33	0	+0.028	GA
9786.517	14.50	+ 3	−0.013	GA
9843.414	14.58	167	−0.011	GA
9843.442	14.35	167	+0.017	GA
9843.470	14.50	167	+0.045	GA
9844.470	14.35	170	+0.004	GA
243 1696.345	14.33	5508	−0.001	GA
4890.456	14.67	+14715	−0.020	A

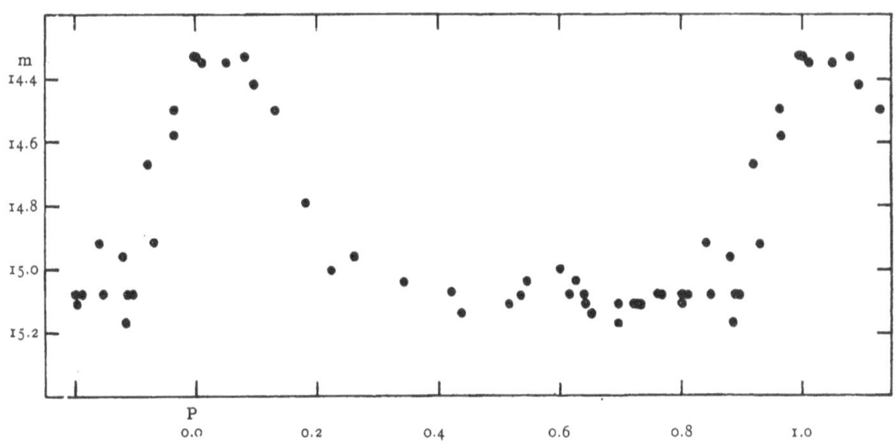

S 4214 Ophiuchi

3102. S 4215 Oph RR Lyrae-Stern; $15^{m}_{.}8$—$16^{m}_{.}7$

$M = 242\,9785.572 + 0.256078 \cdot E$

$M{-}m = 0^{d}_{.}08$ Typus: RRb

Max.	Gr.	E	$B{-}R$
242 9785.572	—	0	0.000
9788.415	$15^{m}_{.}93$	11	+0.026
9812.425	15.97	105	−0.035
9812.453	15.89	105	−0.007
9812.481	15.92	105	+0.021
9843.442	15.72	226	−0.004
9843.470	15.93	226	+0.024
9844.441	15.89	230	−0.029
9844.470	15.77	230	0.000
9845.469	15.97	234	−0.025

Der Stern wurde nur auf den Platten des 400 mm-Astrographen beobachtet. Auf Aufnahmen mit dem 170 mm-Triplet ist der Stern zu schwach. Die Elemente sind unsicher.

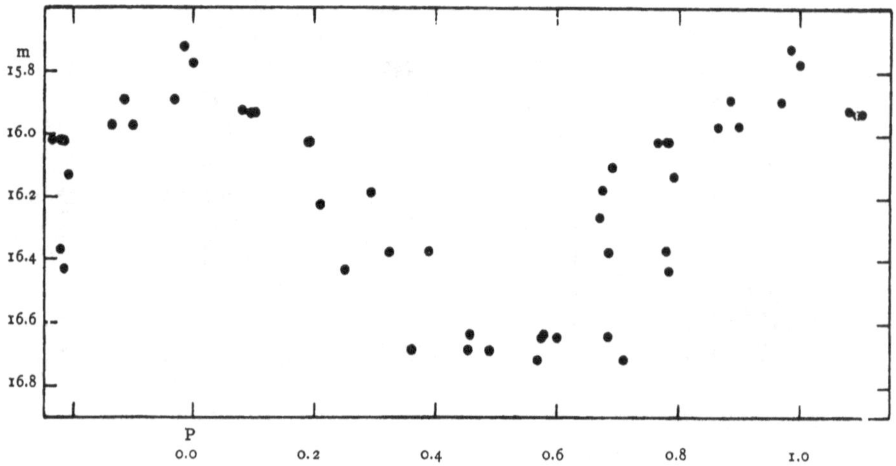

S 4215 Ophiuchi

3103. S 4216 Oph Algol-Stern; $14^{m}_{.}4$—$14^{m}_{.}9$

Die Art des Lichtwechsels ist gesichert. Auf den Platten des 400 mm-Astrographen wurde ein Abstieg zum Minimum von $14^{m}_{.}5$ auf $14^{m}_{.}9$ in der Zeit von 242 9788.415 bis 9788.505 beobachtet. Die Aufnahmen mit dem 170 mm-Triplet (Belichtungszeit 2^{h}—3^{h}) zeigen Schwächungen bei 242 6158.471 ($14^{m}_{.}6$), 6189.463 ($14^{m}_{.}7$) und 6420.612 ($14^{m}_{.}7$). Ob diese Beobachtungen zur Bestimmung der Elemente herangezogen werden können, ist fraglich, da nach dem beobachteten Abstieg eine kurze Dauer des Minimums angenommen werden muß. Auf dem Sonneberger Plattenmaterial konnte die Periode des Sterns nicht ermittelt werden.

3104. S 4217 Oph W UMa-Stern; $14^{m}.6$—$15^{m}.1$

$$m_1 = 242\,9785.523 + 0.264743 \cdot E$$

$$A_1 = A_2 = 0^{m}.5$$

Min.	Gr.	E	$B-R$
242 9785.405	$14^{m}.88$	− 0.5	+0.014
9785.517	15.11	0	−0.006
9786.461	15.11	+ 3.5	+0.011
9788.443	15.11	11	+0.008
9790.423	15.11	18.5	+0.002
9812.509	14.81	102	−0.018
9816.483	14.81	117	−0.015
9816.511	14.78	117	+0.013
9843.386	14.87	218.5	+0.017
9844.413	14.87	222.5	−0.015
9845.469	14.88	+226.5	−0.018

HOFFMEISTER zeigte den Veränderlichen, der außerhalb des 170 mm-Triplets liegt, als RR Lyrae-Stern an (Erg AN 12,1).

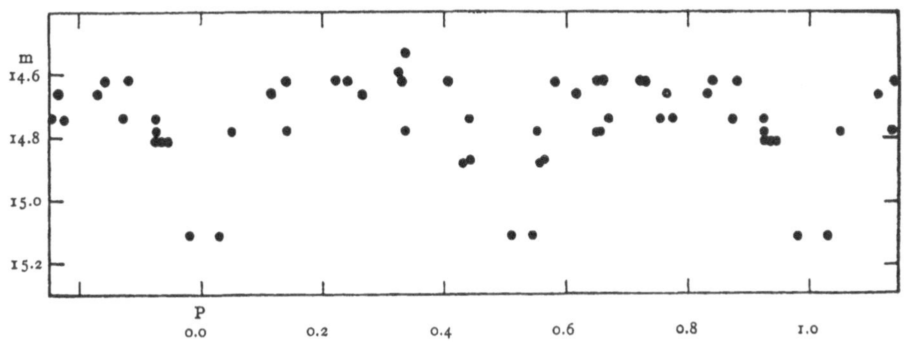

S 4217 Ophiuchi

3105. V 876 Oph Mira-Stern; $14^{m}.6$—[$17^{m}.5$

Der Stern wurde auf den Platten des 400 mm-Astrographen entdeckt (Erg AN 12,1). Die gesamte Aufnahmereihe zeigt nur Teile eines Aufstiegs von [$17^{m}.5$ bis $15^{m}.2$. Bei der Durchsicht der Aufnahmen des 170 mm-Triplets wurden noch einige helle Einzelbeobachtungen gefunden. Eine genaue Festlegung dieser Maxima war jedoch nicht möglich. Die nachstehend aufgeführten Beobachtungen lassen sich mit folgenden unsicheren Elementen darstellen:

$$M = 242\,6421 + 137.5 \cdot E$$

Max.	Gr.	E	$B-R$	Instrument
24 2 5325:	$15^{m}.3$	− 8	+ 4	A
5880	15.3	4	+ 9	A
6160	15.3	− 2	+14	A
6415	14.6	0	− 6	A
9845	15.3	+25	−14	GA
243 5215	14.6	+64	− 6	A

3106. S 4219 Oph RR Lyrae-Stern; $15\overset{\mathrm{m}}{.}8$—$16\overset{\mathrm{m}}{.}7$

$M = 242\,9788.401 + 0.509004 \cdot E$

$M - m = 0\overset{\mathrm{d}}{.}05$ Typus: RRb

Max.	Gr.	E	$B-R$
242 9110.408	$15\overset{\mathrm{m}}{.}83$	−1332	0.000
9788.415	15.87	0	+0.014
9790.423	15.97	+ 4	−0.014
9816.427	16.00	55	+0.031
9843.386	16.20[1])	108	+0.013
9844.385	15.97	110	−0.006
9844.413	16.16	110	+0.022
9845.385	15.97	112	−0.024
9845.413	15.87	112	+0.004
9845.441	15.99	+112	+0.032

Die Zwischenzeiten der beobachteten Maxima betragen $1\overset{\mathrm{d}}{.}02$. Die Beobachtungen ergeben aber für den kurzen Zeitabschnitt von 40^{d} kein klares Bild über die wirkliche Periodenlänge. Die angeführten Elemente wurden mit der Periode $\frac{1.02}{2}$ gerechnet. Die Lichtkurve ist mit der Periode $\frac{1.02}{4}$ gezeichnet.

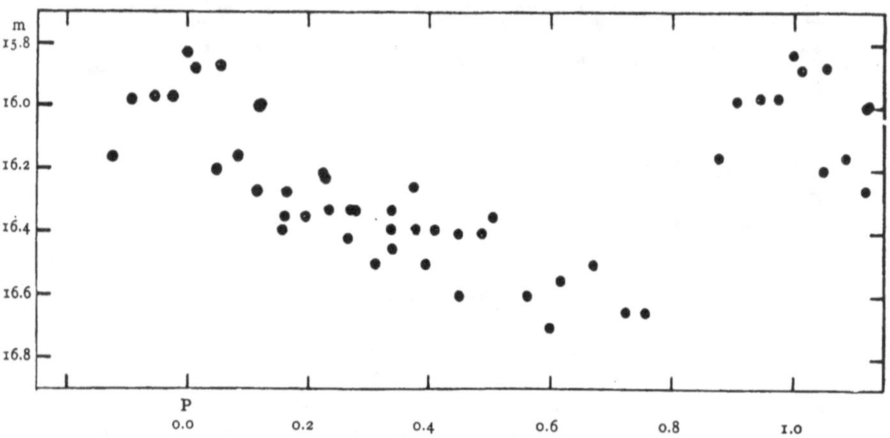

S 4219 Ophiuchi

3107. S 4220 Oph μ Cephei-Stern; $14\overset{\mathrm{m}}{.}4$—$15\overset{\mathrm{m}}{.}2$

Der Stern wurde auf den Platten des 400 mm-Astrographen und des 170 mm-Triplets beobachtet. Der Lichtwechsel ist unregelmäßig. Auf Reihenaufnahmen (Matter-Platten) zeigt der Stern Helligkeitsschwankungen bis zu $0\overset{\mathrm{m}}{.}5$. Die rascheste Änderung konnte von 242 9785.405 bis 9785.433 beobachtet werden. In dieser Zeit änderte der Stern seine Helligkeit um $0\overset{\mathrm{m}}{.}5$. Auf den Aufnahmen mit dem 170 mm-Triplet (Kranz-Ultra-Platten) wurde eine Amplitude von $0\overset{\mathrm{m}}{.}8$ festgestellt. Auf Kranz I-Platten ist der Veränderliche $0\overset{\mathrm{m}}{.}8$ heller als auf den Kranz-Ultra-Platten. Der Stern ist rot. Die raschen

[1]) In unmittelbarer Nähe des Sterns ist ein Plattenfehler.

Helligkeitsänderungen weisen eigentlich auf RW Aurigae-ähnlichen Charakter hin, Die Anzahl dieser Beobachtungen ist jedoch zu klein, um diesen Typus zu sichern.

3108. **V 878 Oph** W UMa-Stern; $15^m\!.8$—$16^m\!.5$

$$m_1 = 242\,9785.380 + 0.439984 \cdot E$$

$$A_1 = A_2 = 0^m\!.7$$

Min.	Gr.	E	$B-R$
242 9785.405	$16^m\!.33$	0	+0.025
9786.461	16.40	2.5	−0.019
9786.489	16.33	2.5	+0.009
9788.443	16.42	7	−0.017
9788.472	16.46	7	+0.012
9790.423	16.46	11.5	−0.017
9812.425	16.50	61.5	−0.014
9812.453	16.42	61.5	+0.014
9843.442	16.42	132	−0.016
9845.413	16.50	136.5	−0.025
9845.441	16.50	136.5	+0.003

Der Veränderliche wurde von HOFFMEISTER als RR Lyrae-Stern, Typus RRa, angezeigt (Erg AN 12,1). Die Beobachtung ist wegen der geringen Helligkeit schwierig. Möglicherweise liegt auch RR Lyrae-Lichtwechsel vom Typus RRc vor.

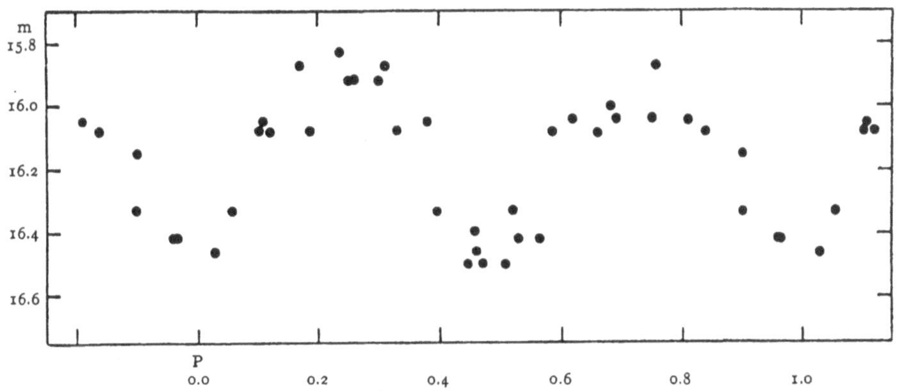

V 878 Ophiuchi = S 4221

3109. **S 4222 Oph** Unregelmäßig?; $13^m\!.6$—$14^m\!.4$

Der Stern wurde von HOFFMEISTER auf Platten des 400 mm-Astrographen gefunden und als kurzperiodisch angezeigt. Die Art des Sterns konnte bei der Entdeckung nicht ermittelt werden. Rascher Lichtwechsel wurde jedoch festgestellt (Erg AN 12,1). Die Untersuchung des Veränderlichen auf den Reihenplatten zeigte, daß rasche Helligkeitsänderungen in den Nächten von 242 9785, 9786 und 9787 vorkommen. In dieser Zeit konnten Auf- bzw. Abstiege von $0^m\!.4$ innerhalb $0^d\!.084$ beobachtet werden. Im nachfolgenden Zeitabschnitt bei 242 9788, 9790, 9808, 9812, 9813, 9816, 9843, 9844 und

9845 war der Stern nur im schwachen Lichte sichtbar. Die Lichtkurve aus Beobachtungen auf den Platten des 170 mm-Triplets läßt auf unregelmäßigen Lichtwechsel schließen. Wellen von 85^d und mehr Länge wurden festgestellt. Auch schnellere Helligkeitsänderungen von $0^m\!.6$ innerhalb 4^d kommen vor. Auf Pan- und Kranz I-Platten zeigt der Veränderliche keine merkliche Verfärbung. RR Lyrae-Lichtwechsel mit $n \cdot P \sim 1^d$ ist nicht ganz ausgeschlossen.

3110. **S 4223 Oph** Mira-Stern; $15^m\!.1$—[$17^m\!.0$

$M = 242\,5391 + 258.5 \cdot E$

Max.	Gr.	E	$B–R$	Bemerkung
242 5415	$15^m\!.6$	0	+24	—
6160	15.9	3	− 7	1
6420	15.9	4	− 5	1
6925	15.7	6	−17	2
9785	15.7	17	− 1	1
243 5220	15.2	38	+ 6	1

Bemerkung: 1 = Abstieg beobachtet
2 = Einzelbeobachtung

Das Maximum $E = 17$ wurde auf den Platten des 400 mm-Astrographen beobachtet. Alle übrigen Erscheinungen wurden auf den 170 mm-Tripletplatten festgestellt.

3111. **V 880 Oph** Mira-Stern; $14^m\!.2$—[$17^m\!.5$

Der Stern liegt außerhalb des 170 mm-Triplet-Feldes. Auf den Platten des 400 mm-Astrographen konnte ein Maximum ($14^m\!.2$) bei 242 9830 festgestellt werden. Eine isolierte Beobachtung bei 242 9110 zeigt den Veränderlichen mit der Helligkeit $14^m\!.4$.

3112. **V 881 Oph** RW Aurigae-Stern; $14^m\!.2$—$16^m\!.5$

Der Veränderliche wurde von Hoffmeister auf Platten des 400 mm-Astrographen gefunden und als RW Aurigae-Stern angezeigt (Erg AN 12,1). Beobachtungen auf Reihenaufnahmen bestätigen die Art des Lichtwechsels. Der Stern zeichnet sich besonders durch seine sehr raschen Helligkeitsänderungen aus.

So konnte in der Zeit von 242 9786.405 bis 9786.433 ($0^d\!.028$) ein Aufstieg von $1^m\!.0$ ($16^m\!.5$—$15^m\!.5$) und in der Zeit von 242 9788.472 bis 9788.505 ($0^d\!.033$) ein Abstieg von $0^m\!.9$ beobachtet werden. Noch rascherer Lichtwechsel wurde bei 242 9844.385 und 9845.441 festgestellt. Die Helligkeitsänderungen betragen hier $1^m\!.7$ und $2^m\!.3$ innerhalb $0^d\!.028$.

Bemerkenswert ist auch, daß der Stern unter Beibehaltung der minimalen Helligkeit $16^m\!.5$ im Laufe der Zeit seine Amplitude vergrößert.

Teilt man die Beobachtungsreihe in 3 Abschnitte, Abschnitt I von 242 9785 bis 9788, Abschnitt II von 242 9812 bis 9816, Abschnitt III von 242 9843 bis 9845, so ergibt sich folgende Abhängigkeit:

Abschnitt	beob. Maximum	Amplitude
I	$15^{m}.5$	$1^{m}.0$
II	14.7	1.8
III	14.2	2.3

Stillstände längerer Dauer wurden bei dem Stern nicht festgestellt. Das längste beobachtete Verbleiben im Ruhelicht bei $16^{m}.5$ beträgt $0^{d}.060$.

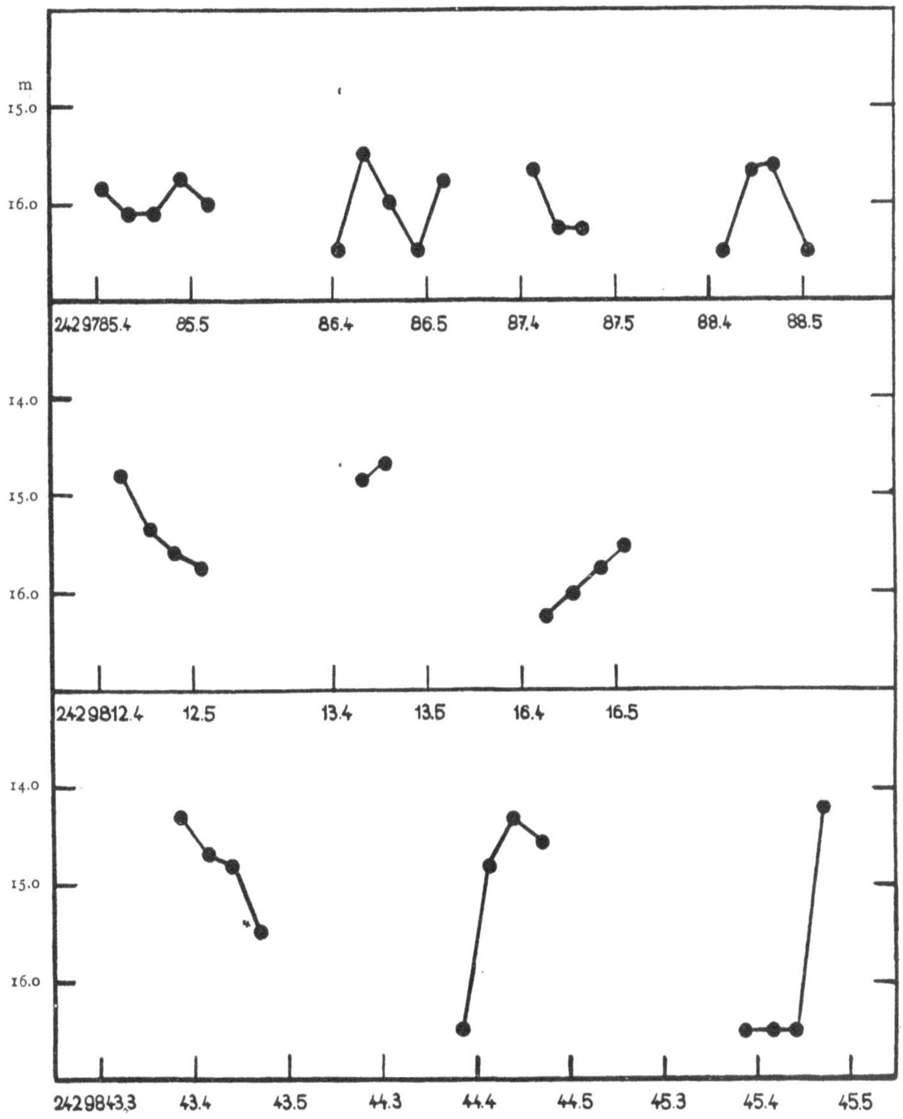

V 881 Ophiuchi = S 4225

3113. S 4226 Oph RR Lyrae-Stern; $13\overset{m}{.}5$—$14\overset{m}{.}0$

$M = 242\,9785.430 + 0.267954 \cdot E$

$M - m = 0\overset{d}{.}0.03$ Typus: RRb

Min.	Gr.	E	B–R
242 9110.408	$13\overset{m}{.}85$	−2519	−0.046
9785.405	13.85	0	−0.025
9786.461	13.98	+ 4	−0.041
9808.444	13.98	86	−0.030
9812.425	13.89	101	−0.068
9812.453	14.00	101	−0.040
9816.455	14.00	116	−0.058
9845.413	14.00	+ 224	−0.039

Die Beobachtungen auf Reihenaufnahmen lassen sich mit obigen Elementen darstellen. Auf den Platten des 170 mm-Triplets war eine Untersuchung nicht möglich, da der Stern außerhalb des Feldes steht. Ursprünglich wurde der Veränderliche als W UMa-Stern mit der Periode P = 0.535908 bearbeitet. Wie die Lichtkurve zeigt, ist aber RR Lyrae-Art wahrscheinlicher. Die Minima lassen sich besser erfassen als die Maxima. Deshalb wurde auch die Periode mit Hilfe der Minima bestimmt. Die Epochenzählung wurde nachträglich für die Maxima umgeändert.

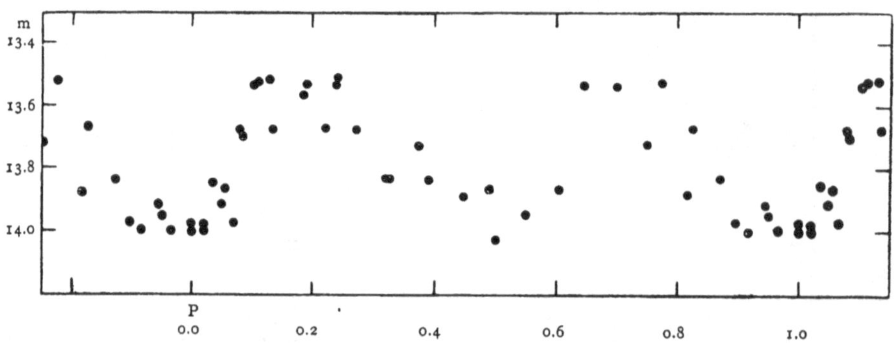

S 4226 Ophiuchi

3114. V 882 Oph Mira-Stern; $11\overset{m}{.}9$—[$17\overset{m}{.}0$

Der Stern liegt bei den Platten des 170 mm-Triplets außerhalb des Feldes. Auf den Reihenaufnahmen mit dem 400 mm-Astrographen wurde von 242 9785 bis 9845 ein Abstieg von $15\overset{m}{.}1$ auf [$17\overset{m}{.}0$ festgestellt. Bei 242 9110 ist der Stern nicht sichtbar. Eine Platte von 243 1696 zeigt den Veränderlichen mit der Helligkeit $11\overset{m}{.}9$.

3115. S 4228 Oph W UMa-Stern; $13\overset{m}{.}2$—$13\overset{m}{.}6$

$m_1 = 242\,9786.437 + 0.589412 \cdot E$

$A_1 = 0\overset{m}{.}4$ $A_2 = ?$

Min.	Gr.	E	B–R
242 9110.408	$13\overset{m}{.}60$	−1147	+0.029
9786.433	13.65	0	−0.004

Min.	Gr.	E	B–R
242 9788.505[1])	$13^{m}.50$	+ 3.5	+0.005
9816.483	13.55	51	–0.014
9816.511	13.55	51	+0.014
9845.385	13.60	+ 100	+0.007

Der Veränderliche liegt am Rande des Feldes des 400 mm-Astrographen. Eine Untersuchung auf den Platten des 170 mm-Triplets ist daher nicht möglich. Leider boten die Reihenaufnahmen mit dem 400 mm-Astrographen keine Gelegenheit, das Nebenminimum durchzubeobachten.

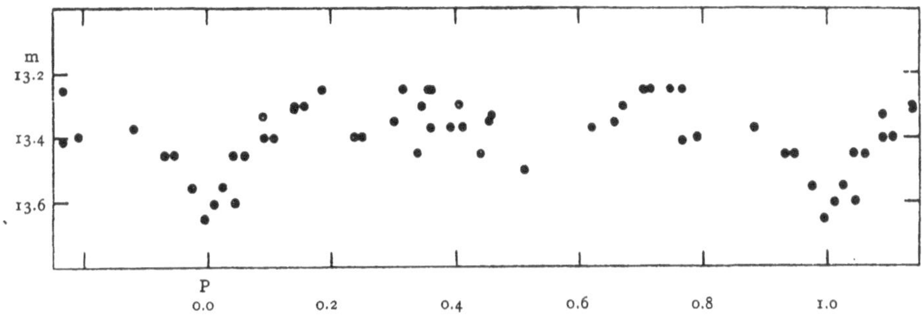

S 4228 Ophiuchi

Felder ν Geminorum und e Geminorum

Neubearbeitung von 6 Sternen aus Teil IV und Teil VII

C. Hoffmeister

1389. 98.1943 = **GM Ori** RR Lyrae-Stern; $13^{m}.2$—$13^{m}.5$ vis.

Die Bearbeitung von 321 visuellen Beobachtungen bestätigt die früher erhaltenen Elemente und ergibt eine geringe Verbesserung der Periode.

$$M = 242\,8213.330 + 0.3905135 \cdot E$$

$M–m = 0^{d}.18$ Typus RRc

Vis. beob. Max.	E	B–R
243 5502.270	18665	+0.006
5504.235	18670	+0.018
5505.365	18673	–0.024
5509.285	18683	–0.009
5511.260	18688	+0.014
5514.370	18696	0.000
5537.410	18755	–0.001
5542.500	18768	+0.013
5566.290	18829	–0.019

Berichtigung zu Teil IV (Veröffentl. Sternw. Sonneberg 1 Nr. 2): Als Unterschrift der Kurvendarstellung auf S. 107 setze 98.1943 Orionis anstelle von 98.1937 Geminorum.

[1]) Die Platte ist fehlerhaft.

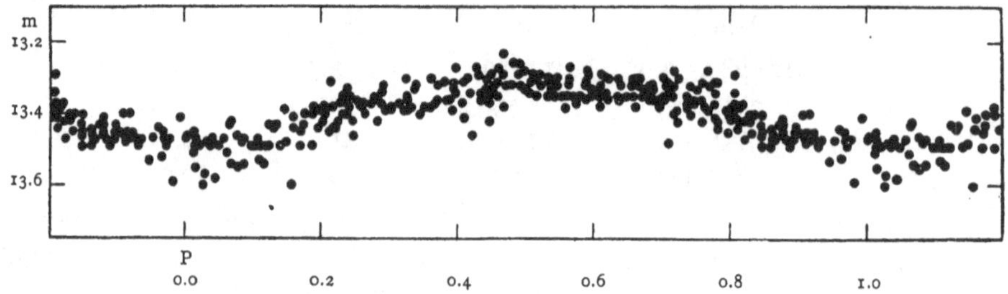

98.1943 = GM Orionis (vis. Beob.)

2389. **S 3964 = V 392 Ori** BO Cephei-Stern; $11^m.1$—$11^m.4$ vis.

Die 154 visuellen Beobachtungen bestätigen den bei der Erstbearbeitung als etwas zweifelhaft bezeichneten Befund. Der Stern zeigte während der neuen Beobachtungszeit visuell nur sehr geringen Lichtwechsel mit der oben angegebenen Amplitude. Die nachstehend gegebene Verteilung der Beobachtungen über die verschiedenen Helligkeitsstufen ist charakteristisch für die Algol-ähnliche Variante des RW Aurigae-Typus. Das Bild ist etwas dadurch verfälscht, daß bei den Schwächungen die Beobachtungsfolge verdichtet wird.

Verteilung der Beobachtungen

$11^m.05$—$11^m.09$	2
11.10—11.14	10
11.15—11.19	60
11.20—11.24	59
11.25—11.29	4
11.30—11.34	11
11.35—11.39	8

Die Minima waren nicht gut ausgeprägt. Ein Verweilen im kleinsten Licht während mindestens 2 Stunden ist festgestellt.

2393. **S 3968 = GR Gem** β Lyrae-Stern; $15^m.4$—$16^m.1$ vis.

$$m_1 = 242\,8835.620 + 0.5274471 \cdot E$$

$$A_1 = 0^m.7 \qquad A_2 = 0^m.2 \text{ bis } 0^m.5$$

Min.	E	$B-R$
242 8835.595	0	−0.025
9219.588	728	−0.013
9984.406	2178	+0.006
243 0025.554	2256	+0.013
1146.388	4381	+0.022
5480.400	12598	+0.001
5506.256	12647	+0.013
5509.411	12653	+0.003
5511.518	12657	0.000
5520.477	12674	−0.008
5548.443	12727	+0.004
5566.365	12761	−0.008

Die ersten 5 Minimalepochen sind aus Felderplan VII S. 57 entnommen unter Weglassung zweier Beobachtungen, die außerhalb des kleinsten Lichtes liegen; die 7 weiteren Epochen beruhen auf 283 visuellen Beobachtungen.
Obgleich der Stern für das Instrument sehr schwach ist, scheint die Veränderlichkeit der Lichtkurve im Nebenminimum gesichert, wogegen das Hauptminimum ungestört ist.

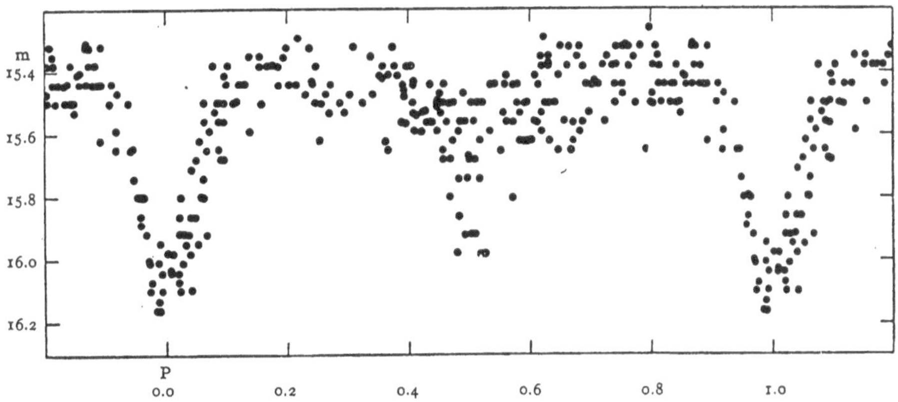

S 3968 = GR Geminorum (vis. Beob.)

2394. S 3969 Gem Algol-Stern; $13^{m}.6$—$14^{m}.1$ vis.

$m = 243\,5480.429 + 0.612645 \cdot E$

$D = 0^{d}.185 = 4^{h}.4$ $\quad d = 0^{h}$

Min.	E	$B-R$
243 5480.435	0	+0.006
5504.316	39	−0.006
5540.463	98	−0.005
5542.316	101	+0.010
5548.428	111	−0.005
5561.309	132	+0.011
5575.383	155	−0.006

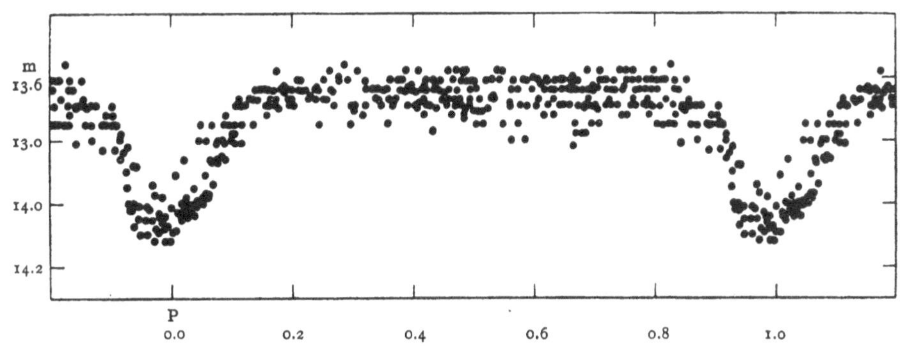

S 3969 Geminorum (vis. Beob)

Alle angeführten Epochen sind visuell beobachtet; Gesamtzahl der Beobachtungen 400. Der sehr große Wert von D/P legt die Vermutung nahe, daß die Periode des Umlaufs das Zweifache der Lichtwechselperiode ist, zumal keine Andeutung eines Nebenminimums gefunden wurde. Jedoch war kein Unterschied in der Tiefe der Minima festzustellen.

2412. S 3987 = GU Gem RR Lyrae-Stern; $14^m_.6$—$15^m_.5$ vis.

$$M = 243\,5509.347 + 0.390333 \cdot E$$

$M{-}m = 0^d_.042$ Typus RRa

Max.	E	$B{-}R$
243 5509.348	0	+0.001
5511.304	5	+0.005
5514.420	13	−0.001
5519.490	26	−0.006
5548.388	100	+0.008
5550.329	105	−0.003
5566.340	146	+0.004
5571.403	159	−0.007

Die Darstellung der weit zurückliegenden photographisch erhaltenen Epochen durch die oben angegebene Formel ist so gut, daß keine Verbesserung der Periode nötig ist. Aus der Tabelle Felderplan VII S. 65 sind im folgenden nur die Epochen entnommen, zu denen der Stern heller als $14^m_.2$ phg. gefunden wurde.

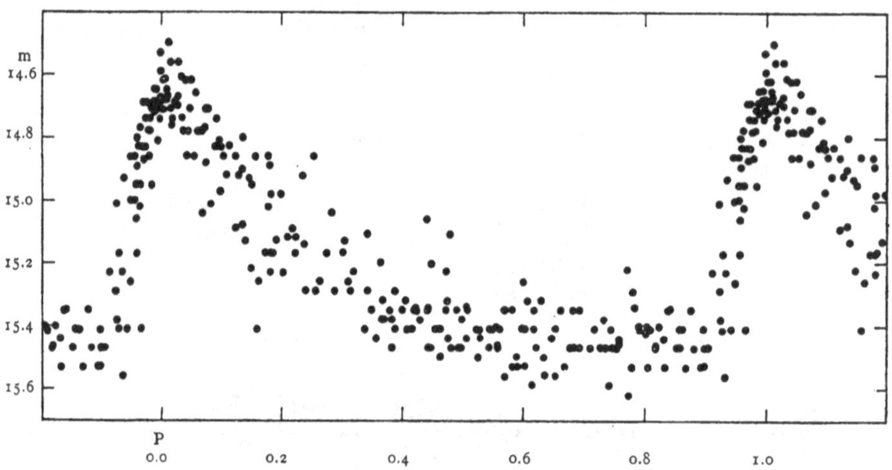

S 3987 = GU Geminorum (vis. Beob.)

Max.	E	$B{-}R$
242 9575.518	−15202	+0.013
9632.487	−15056	−0.006
9943.596	−14259	+0.007
243 0025.554	−14049	−0.005
1145.429	−11180	+0.005

Bei den 268 visuellen Beobachtungen störte ein heller Nachbarstern erheblich, wodurch die Genauigkeit der Einzelwerte gelitten hat.

2416. S 3751 Gem β Lyrae-Stern; $13^{m}.6$—$14^{m}.2$ vis.

$m_1 = 242\,7474.25 + 2.53048 \cdot E$

$A_1 = 0^{m}.6$ $A_2 = 0^{m}.15$

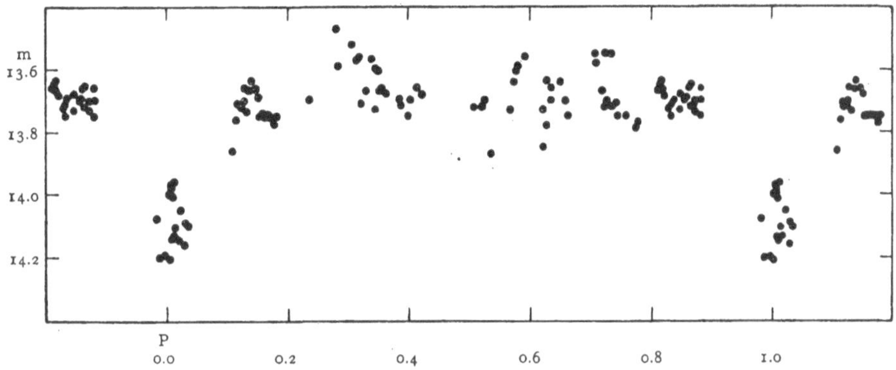

S 3751 Geminorum (vis. Beob.)

Min.	E	$B–R$
242 7474.27*	0	+0.02
7479.46	2	+0.15
8213.28	292	+0.13
8453.56**	387	+0.01
8496.50	404	−0.06
8835.66*	538	+0.01
9250.61	702	−0.04
243 0409.48	1160	−0.13
0619.60	1243	−0.04
0705.64*	1277	−0.03
0996.60*	1392	−0.08
1029.51**	1405	−0.06
1143.42*	1450	−0.03
1449.65	1571	+0.02
2211.44	1872	+0.13
2884.43**	2138	+0.01
3304.61	2304	+0.13
4392.43	2734	+0.15
4453.34**	2758	+0.03
4797.42	2894	−0.04
5093.42*	3011	−0.11
5136.40	3028	−0.14
5154.37	3035	+0.11
5164.40*	3039	+0.02

Min.	E	$B-R$
243 5399.56	3132	−0.15
5480.59	3164	−0.10
5541.44**	3188	+0.02
5574.34**	3201	+0.02

** gute Minima. — * mäßig gute Minima. — Nicht bezeichnete Epochen haben entweder den Stern geschwächt außerhalb des kleinsten Lichtes oder sind unsicher wegen minderer Qualität der Platten.

Neben 112 visuellen Beobachtungen, die nur die beiden letzten Minima ergaben, standen 228 photographische Beobachtungen zur Verfügung. Die früher, Felderplan VII S. 66, ausgesprochene Vermutung sehr raschen Lichtwechsels hat sich nicht bestätigt. Indessen ist der Stern auf den Platten etwas unruhig und scheint das Maximallicht nicht gut einzuhalten. Auch die visuellen Beobachtungen lassen die Möglichkeit kleiner reeller Änderungen im hellen Licht offen.

FSC
www.fsc.org
MIX
Papier | Fördert gute Waldnutzung
FSC® C083411

Zeitfracht Medien GmbH
Ferdinand-Jühlke-Straße 7
99095 Erfurt, Deutschland
produktsicherheit@kolibri360.de